人生设计课

如何设计充实且快乐的人生

Designing Your Life
How to Build a Well-Lived, Joyful Life

[美] 比尔·博内特（Bill Burnett） 著
[美] 戴夫·伊万斯（Dave Evans）
周芳芳 译

中信出版集团 | 北京

图书在版编目（CIP）数据

人生设计课：如何设计充实且快乐的人生／（美）比尔·博内特，（美）戴夫·伊万斯著；周芳芳译. -- 北京：中信出版社，2022.3（2025.3重印）

书名原文：Designing You Life: How to Build a Well-Lived, Joyful Life

ISBN 978-7-5217-3937-4

Ⅰ.①人… Ⅱ.①比…②戴…③周… Ⅲ.①人生哲学－通俗读物 Ⅳ.① B821-49

中国版本图书馆 CIP 数据核字 (2022) 第 022660 号

Designing Your Life: How to Build a Well-Lived, Joyful Life by Bill Burnett and Dave Evans
Copyright©2016 by William Burnett and David J. Evans
This edition arranged with The Marsh Agency Ltd & Idea Architects
through Big Apple Agency, Labuan, Malaysia.
Simplified Chinese edition copyright© 2022 CITIC Press Corporation
All RIGHTS RESERVED.
本书仅限中国大陆地区发行销售

人生设计课——如何设计充实且快乐的人生
著者： ［美］比尔·博内特 ［美］戴夫·伊万斯
译者： 周芳芳
出版发行：中信出版集团股份有限公司
（北京市朝阳区东三环北路 27 号嘉铭中心 邮编 100020）
承印者： 北京通州皇家印刷厂

开本：880mm×1230mm 1/32 印张：10.75 字数：175 千字
版次：2022 年 3 月第 1 版 印次：2025 年 3 月第 22 次印刷
京权图字：01-2017-0379 书号：ISBN 978-7-5217-3937-4
定价：68.00 元

版权所有·侵权必究
如有印刷、装订问题，本公司负责调换。
服务热线：400-600-8099
投稿邮箱：author@citicpub.com

谨以此书献给所有与我们分享人生故事的优秀学员，他们的开诚布公和积极参与让我们对人生设计有了更多的了解——远超我们的想象。

致我的妻子辛西娅，在她的鼓励下，我接受了斯坦福大学的工作。我爱你，没有你，就不会有今天的我。

——比尔·博内特

致我亲爱的妻子克劳迪娅，她是我家真正的文学爱好者。在本书写作之初，她一遍又一遍、不厌其烦地鼓励我，并且为我指明了方向。因为她的爱，我才能不断进步。

——戴夫·伊万斯

目 录

再版序言　　人生设计浪潮 VII
推荐序　　　你的人生是工业品，还是艺术品？ XI
引　言　　　如何设计你的人生 XXI

第 1 章　分析测评你目前的生活

辨识无法解决的"重力问题" 007

重力问题 010

人生设计评估 015

"健康／工作／娱乐／爱"仪表盘 017

像设计师一样思考 029

第 2 章　创建人生的指南针

反思你的工作观 040

反思你的人生观 042

不要偏离正确的航线 044

第 3 章　寻路

找到你的路 052

拥有更多心流体验 054

关注你的能量水平 056

享受工作的乐趣 058

记录"美好时光日志" 061

AEIOU 法的妙用 067

回顾你的高峰体验 070

第 4 章　摆脱困境

打开思路，拒绝自我设限 080

制作你的思维导图 084

辨识无法自行消失的"锚问题" 089

根据美好时光日志绘制思维导图 100

第 5 章　制订你的"奥德赛计划"

畅想人生的多种可能性 110

奥德赛计划详解 117

玛莎的奥德赛计划 120

分享你的人生计划 125

第 6 章　原型设计

学会提问 134

进行原型对话——人生设计采访 139

原型体验 143

人生设计头脑风暴 144

第 7 章　成功求职的秘密

读懂职位描述之外的含义 160

找工作的首要原则是"适合" 166

尽早放弃"超级工作" 169

蒙人的"幽灵"招聘 171

知名公司里的"假阳性"和"伪阴性" 172

让工作更完美 174

第 8 章　好工作是设计出来的

发挥人际网的作用 183

你寻找的是工作机会，而不是工作 187

第 9 章　主动选择幸福

选择四步骤 195

避免过度思虑，学会放手 214

第 10 章　你可以对失败免疫

不要以结果评判人生成败 222

成长到死 227

失败重构练习 232

第 11 章　创建团队

确定你的团队成员 245

团队角色和规则 249

寻找人生导师 250

积极组织社群活动 255

结语　你一定能设计出美好的人生 261

致谢 279

再版序言

人生设计浪潮

我们在写《人生设计课》这本书的时候,有一个简单的心愿——希望世界上的每个人都能够参加我们在斯坦福大学的人生设计课程。借由这本书,让大家都有机会运用设计思维和我们开创的这套人生设计体系活出更美好、更快乐的人生。

自2016年本书出版以来,我们生活的世界发生了许多变化:新冠疫情席卷全球,气候变化带来的后果让我们措手不及,颠覆每个人日常生活的事件似乎无处不在。尽管如此,我们每天都能收到来自世界各地读者的故事——他们在《人生设计课》的帮助下重新设计了自己的人生。这些故事汇聚成了风靡全球的"人生设计浪潮"。数千万人观看了我在斯坦福 TedX 上的演讲，无数人通过播客和电视节目等媒介了解到了"设计思维"，全球各地数千所院校获得了我们的官方授权许可，开设了"人生设计实验室"，数千万学生学到了我们在斯坦福大学开设的人生设计课程。

《人生设计课》如此成功，我们无比高兴，也无比感恩。

所有这一切的关键，都来自人类本身的无穷创造力，以及被称为设计思维的创新方法。设计思维依赖于人们的创造性和相互协作。我们相信，每个人都可以成为自己的人生设计师，不断寻找内心的渴望，勇敢拥抱那个充满未知和不确定性，同时具有无限可能和希望的美好未来。我们经常说的一句话是："你无法解决一个你不愿意接受的问题……"而设计思维能帮助大家直面各种挑战，打造幸福而快乐的人生。

"人生设计"体系植根于设计思维的 5 种基本心态：保持好奇、不断尝试、重新定义问题、专注和深度合作。这当中，保持好奇是最重要的。当成为一名人生设计师时，你就会重新点燃自己与生俱来的好奇心，让一切皆有可能。我们坚信，所有人都可以拥有不止一种人生——不止一种伟大的、真实的、充实的和有意义的人生。设计思维能帮助你找到它们。

非常有幸，我们书中的理念和工具已经帮助全球数千万人改变了人生。无数人在《人生设计课》的帮助下摆脱困境，激发想象力，创建了全新的未来之路。为了更好地帮助中国的读者，我们与好友王成先生共同创建了 DT.School® 和设计人生® 品牌，希望把以设计人生®为名的更加完整、专业和深入的课程体系以及设计思维带到中国。

DT 有几层不同的含义：Design Thinking（设计思维），Digital Thinking（数字思维），以及 Different Thinking（多元思维）。我们坚信，在今天这个充满变化和不确定的时代，这些思维模式是每个人取得成功的必备条件。

DT.School® 是我们专门为帮助中国的朋友们成立的机构，致力于推动中国的"人生设计浪潮"不断向前。我们将与中国的专家们一起，根据中国本土的需求和特点，打造全新的、适合中国人的人生设计和设计思维体系。迄今为止，DT.School® 服务了中国数百所大学、企业、公益组织，以及无数个人。我们致力于为中国培养更多的设计人生®认证教练和认证培训师——他们是擅长使用我们打造的人生设计工具的专家，帮助更多的人实现人生目标、梦想和愿望。我们坚信,已经得到科学验证和实践检验的人生设计方法在中国会产生巨大的影响——你所要做的,就是从今天开始,开启你的人生设计之旅。

简而言之,真正掌握设计思维能帮助我们不断突破自我,设计出幸福、快乐和有意义的人生,而这,正是我们每一个人最需要的!

比尔·博内特(Bill Burnett)
戴夫·伊万斯(Dave Evans)

推荐序

你的人生是工业品，还是艺术品？

相传斯坦福大学商学院的教授出去和同行闲聊。

"我们有一流的商学院老师。"哈佛大学笑了。

"我们培养了很多世界企业500强的CEO。"西点军校笑了。

"我们很有钱。"哥伦比亚大学笑了。

斯坦福的教授索性丢出个"顺子"——"我们有D. School、设计思维和硅谷！"

其他人说："今天就散了吧，大家都忙呢。"

D. School 和设计思维是什么?

2004 年,斯坦福大学机械工程系的教授戴维·凯利(David Kelley)创办了 D. School(斯坦福大学哈索普莱特纳设计学院),并在 D. School 教授关于设计方法论的课程,他也是世界上最著名的创新设计与咨询公司 IDEO 的创始人。这个学院面向斯坦福大学所有的研究生开放,很快就成为最受欢迎的学院。

D. School 位于硅谷,对面就是商学院,其设计思维从一开始就和硅谷的商业、教育、艺术、科技等方面的创意有着千丝万缕的关系。此前曾横扫国内的"互联网思维"也从中借鉴了许多内容。

人生设计课的创始人也不是什么职业规划师,而是两名跨界的设计师——苹果公司前员工比尔·博内特和戴夫·伊万斯,比尔曾经为早期的苹果笔记本电脑设计出耐用的铰链(即屏幕与键盘连接的转轴),戴夫则研发了苹果电脑的第一款鼠标。经常受邀为硅谷的创意天才们讲解设计理念的他们,却发现自己的理念只能帮助人们做出最有创意的产品,却无法让自己的生活变得有趣。于是二人决定,把设计思维运用到自己的人生中来。

"人生设计"就是把设计思维运用在职业生涯规划上的一种方式，课程的目标是"如何运用设计思维，发现自己未来想做什么？"。《快公司》曾报道，这是"斯坦福最火的一门课"。这本《人生设计课》正是撷取了课堂上的精华内容。

人生设计课对于很多人生难题的解答思路与以往全然不同，又因为设计思维在商业上的有效性已经被验证，所以这些思路具有很强的实操性，绝非泛泛而谈。

"设计思维"并不是指设计师思维，它更像是一套开源方法论——设计思维不相信"灵感一闪"的创新，而是认为创新是一种推导的过程——"We Frame Creativity"（我们建构创造力）。

我来举三个例子，让我们看看设计思维和传统的规划思维有什么不同。

不要坚持初心，而是重新定义问题

拿我自己来说，很小的时候，我的初心就是当一名物理学家。你看，我有很多理由：

- 我的父母都是工程师，从小我就想当个"大科学家"；
- 我喜欢读爱因斯坦的传记，甚至组织过一次班会，给全班同学解释相对论；
- 我的物理成绩很好，曾经在奥林匹克物理竞赛中获得不错的名次；
- 我的物理老师很喜欢我，我也最喜欢这个老师。

种种理由都指向同一个方向——我应该成为一名伟大的物理学家，努力做研究最后获得诺贝尔奖的那种；退而求其次，我也要成为一个研究物理的大学教授；实在不行，怎么样我也得是个满怀热忱的物理老师吧。

但是，当我真正拥有一个被保送物理系的机会时，我却犹豫了；我了解过物理系学生的日常状态，认识很多真正研究物理的人，觉得这并不是自己的最佳选择。

现在回头去想，我意识到自己其实对物理并不算真喜欢。我的物理学得很好，因为老师很喜欢我；我喜欢和别人分享有趣的知识，而相对论是个不错的选择；我热衷于幻想而不是研究，甚至还写过几篇科幻小说……

我是一个关注概念和关系的人，我在"分享自己挖掘出的有趣想法给大家，并且对他人有帮助"的时候最快乐——这是一个老师、作家、助人者、支持者的工作，也是今天我正在做的事。

你看，我一直以为自己的初心是"物理学家"，但其实我只是喜欢"与人分享有趣的理念"。物理只是一个渠道，我还有很多其他的渠道。

正如福特说的，如果在汽车还没被发明出来时问大众，你们想要什么？他们会说"一匹飞快的马"（名词），但是如果你问他们，你们想要做什么？他们的答案是"更快地抵达"（动词）。在人生设计课里，"小时候，你有什么目标？"这个问题被重新定义为"你在什么时候最快乐、最有能量？"当初心从"名词"转换为"动词"时，我们就能找到自己真正关切的东西。

人生设计课的导师们认为，在一个快速变化的世界里，今天最受欢迎的 10 种工作中，有 6 种在十年前甚至都不存在。一个基于过去经历设想的初心，需要用人生设计的思维重新定义，这样才不至于在人生中做出刻舟求剑的行为。

那么，你在做什么的时候最投入、最有能量、最快乐呢？

不是找到最适合自己的方向，而是拥有很多个选择

职业生涯里有一个很大的难题——什么是最适合自己的方向？如何找到这个方向？如何确定它是"最适合"的？

每个选项都有缺陷：赚钱多的时间少，时间充裕的发展慢，发展快的自己又不太喜欢……

过去，职业咨询师会问你：你在当前的人生阶段最需要什么？

但这个问题的答案经不起仔细推敲，同时，它也是个玄学问题——如果你要做件改变世界的大事，这个阶段就是要不管钱财多少，不求岁月静好，只求全力发展；但是，如果你准备小富即安，现在已经是平稳状态，那你只有稳扎稳打、娶妻生子，才不辜负你的美好人生。

现在，问题又绕回来了：你究竟最适合什么样的生活？

其实，"最适合"本身就是一个坑，因为"最"是极限词，而"适合"是动词。随着你不断地成长，做成了一件又一件

事，能力和资源不断提升，"最适合"的答案也一天天在不断变化，永远定不下来。

再说了，即使你做成了某件事，你就能确定这件事最适合自己吗？

悉尼歌剧院最适合悉尼吗？鸟巢最适合北京吗？马云最适合创业吗？其实谁都不知道。

人生设计的思路是，每个人都有许许多多可能适合自己的生活方式。人生设计课会逼你（对，就是逼你）进行头脑风暴，想出至少 10 个选择项，不管靠不靠谱——因为一个好点子来自很多点子，输入决定输出。

真正好的人生状态是：我发现了很多适合自己的选择，而且决定从某个选择开始先试试看。

不要"做出决定，坚定推进"，而是"边走边看，低成本试错"

当你在犹豫是否要去大城市生活，犹豫是否要离开北上广，犹豫是否应该换个行业时，你最常听到的建议是认真做调查，访谈很多人，做很多测试并得出结论，列出决策平衡单，最后做出一个最好的决定，然后坚持下去。

人生设计课则提供了一个全然不同的思路：当你没有真的推进的时候，你根本不知道自己会遇到什么困难。互联网公司的做法是进行 AB 测试，而最聪明的人生设计方法，是做一个"AB 人生原型"，然后开始小范围试错。

比如说你可以请假去大城市或者在老家试着找找工作，看看有什么机会，会遇到什么样的老板。在你想尝试的行业和领域中结识一些业内人士，听他们聊聊自己真实的工作，看看你是否感到兴奋；研究几个小领域，看看自己是否喜欢钻研；尝试写作、线上分享，或者主动运营一项小业务，观察大家是否有不错的反馈。

这些尝试的确会占用你的部分时间成本，但是成本远远没有你想象的那么高——也就是 3 天假期能够搞定的事。相比在焦虑、犹豫中来回摇摆的心力交瘁，探索本身就是一件快乐、有趣，而且效率更高的事情。而且，你在尝试中学到的东西，也会迭代到未来的新选项中。

你看，我用了这么多诸如"兴奋、喜欢、感觉、看看、体验、观察"的词，因为人生设计本身就是一个持续观察和体验的过程。

真正的高手懂得花很长时间列出选项，摸清情况，体验感受，找到以后身心如一、全力以赴的方向；而大部分人更热衷于尽快动手，以消解自己的选择焦虑。其实，选择正是设计思维的最高价值，也是最应该花心思的事。

好了，现在我们把前面三个标题的前半句话连在一起，就成了你常常听到的传统的职业规划思路——"**专注初心，找到最适合自己的选项，做出决定并且把事情做成。**"

而把后面这三句话连在一起，则是人生设计的思路——"**重新定义问题，找到尽可能多的选项，选择一个进行快速尝试，直到成功。**"

前者是做人生工程，后者是做人生设计。

做工程的优点是更加稳健，肯定会有阶段性收获，而且更容易被人理解，因此更适合人生前期，或者是方向清晰的阶段。人生设计的好处是可以做出更加有趣、没有痛苦的决策，探索过程本身就是个快乐的创作过程，更加适应变化，更容易活出独特的人生。人生设计更适合希望从头开始，或者决心转换人生方向的人。

你喜欢哪一种呢？其实这背后的终极问题是：你希望自己的人生是一个工业品，还是一个艺术品？是一个项目还是一次创造？或者是两者的结合？

不管你的答案是什么，你都应该了解人生设计，毕竟，你的人生自己不设计，又有谁能设计呢？

古典

新精英创始人、著名心智成长类作家，人生设计师

引 言

如何设计你的人生

埃伦喜欢石头。她收藏了很多石头,每一块都是她精心挑选的。她还根据石头的大小、形状、类型以及颜色,对自己收藏的石头进行了分类。埃伦曾就读于一所知名高校。在大三的时候,她需要选择一个专业方向,但对自己将来要做什么,或者希望以后成为什么样的人,当时并不是很清楚。然而,是时候了,她必须选一个专业,而且地理学专业似乎是一个最好的选择——毕竟埃伦真的非常喜欢石头。

埃伦的父母在得知女儿选了地理学专业时感到非常骄傲——选择地理学专业意味着埃伦未来可能会成为一名地理学

家。但是，埃伦在大学毕业后并没有找到与地理学相关的工作，她不得不搬回父母家，和他们住在一起，每天只能通过帮人照看小孩或者帮人遛狗赚一点儿钱。她的父母对此感到非常困惑：这可是埃伦高中时兼职所做的工作啊。埃伦名牌大学毕业，他们为她支付了高昂的学费，但她为什么没有成为地理学家？何时才能出现奇迹，让他们的女儿成为一名地理学家？什么时候她才能开始她的事业？她的专业是地理学，地理学家才应当是她的职业目标。

埃伦知道，她并不想成为一名地理学家，她对研究地壳活动、土壤分层以及地球的历史根本不感兴趣，也不想花时间去研究这些。她不喜欢野外工作，不想为某个自然资源公司或者环保机构工作。她不喜欢绘制地图，也讨厌做报告。当年因为喜欢石头这个不成熟的理由而选择地理学专业是个错误。如今，埃伦大学毕业，也拿到了毕业证书，但她却让父母大失所望。如何凭借这张毕业证书找到一份工作，埃伦对此一无所知，她对自己的未来感到十分迷茫。

很多人都告诉过埃伦，大学四年是人生中最美好的一段时光，实际上埃伦丝毫没有这样的感觉。还有一些人和埃伦一样，他们大学选择了一个专业，但工作时并不想从事与该专业相关的工作。实际上，在美国，只有27%的大学生毕业后所从事的工作和他们所学的专业有关。"你学什么专业，你将来就做什么工作"，以及"大学代表了你人生最美好的时光（随后你的人生就会充斥无尽的工作和烦恼）"，这显然是两个错误的观念，我们把它们称为"思维误区"——这些谬论误导了很多人，使他们无法设计自己想要的人生。

> 思维误区：你的学位决定你的职业生涯。
> 重新定义：3/4的大学毕业生最后从事的工作都与他们所学的专业无关。

雅尼娜，35岁，经过十来年的付出，她的事业蒸蒸日上、发展稳定，现在正是她开始享受胜利果实的时候。雅尼娜从名牌大学毕业后，又进入一流的法学院学习，随后在一家知名的律师事务所工作。在人生的道路上，她实现了每一个"预定目标"，名牌大学、一流法学院、结婚、事业——每一件事都准确无误地按照她的计划进行。凭借自己强大的意志力和努力付出,她获得了自己想要的一切。雅尼娜的人生可以说是一个成功的典范。

但是,在雅尼娜内心深处,却有一个秘密!

雅尼娜工作的律所位于硅谷,在美国非常有影响力。曾有很多个夜晚,她开车回到家,坐在汽车后盖上,看着硅谷亮起的灯光,抑制不住地大哭。她拥有了自己认为应该拥有的一切,实现了每一个梦想,但她却一点儿也不快乐。她知道自己应该为眼前的生活而欣喜若狂,但她甚至连一丝的愉悦都感觉不到。

雅尼娜觉得一定是自己哪里出了问题。她早上醒来时是一副成功人士的模样,但到了晚上临睡觉前,却总是纠结辗转,感觉自己似乎失去了什么。一个人在拥有了一切的同时又觉得自己一无所有,该怎么办呢?和埃伦一样,雅尼娜被"思维误区"击中。雅尼娜认为,如果她能在忙碌的工作中抓住所有成功的机会,她就会找到幸福。雅尼娜的情况并不是个例——在美国,有 2/3 的职场人士对他们的工作不满意,有 15% 的人甚至痛恨他们的工作。

唐纳德退休前的收入非常可观,他曾在一个岗位上干了 30 多年。他的家庭也很美满——他的孩子都从大学毕业了,他对自己的退休金也进行了妥善的投资。他曾经工作稳定,生活踏实——每天起床、上班、付账单、回家、睡觉,这就是生活的全部内容。但是,他每天都在重复前一天的生活,一遍又一遍,毫无新意。

> **思维误区**:获得成功就会感到幸福。
>
> **重新定义**:真正的幸福源于设计有意义的人生。

多年来,唐纳德不停地在问自己同一个问题。不管他去哪里,他都会问——他在咖啡馆问,在餐桌上问,在教堂问,甚至在酒吧他也会问(在酒吧,有几个爱管闲事儿的苏格兰人曾热情地帮他解答这个问题)。但一次次的询问并没有阻止这个问题的再次出现。在近10年的时间里,他经常因为这个问题在凌晨两点惊醒,然后走到浴室的镜子前,问镜子中的自己:"我为什么要这样生活?"

唐纳德从来没有得到过一个满意的答案,他的思维误区和雅尼娜的一样——他们都认为成功的事业可以让自己幸福。和雅尼娜相比,唐纳德处于这种失调状态中的时间更久,而且唐纳德还有另外一种思维误区:他总是情不自禁地重复自己过去常做的事情。要是有人能够告诉唐纳德，他的情况不是个例，他没有必要重复过去就好了。在美国，年龄在44~70岁的成年人中，有超过3 100万的人想要拥有一种"返场事业"——一份既可以体现个人生活意义和社会影响力，又可以继续赚钱的工作。在这3 100万人中，一些人虽然已经找到了他们的"返场事业"，但仍然有很多人不知道该从哪里入手，而且他们对在这个年龄做出太大的改变感到恐惧。

> 思维误区：太晚了。
>
> 重新定义：设计一种自己热爱的生活，何时都不晚。

三个人，三个大问题！

设计思维的妙用

你可以环顾一下四周（不管是在家里还是在办公室），看看你身下的椅子，你手里拿的平板电脑或手机，你会发现，我们周围的每样东西都是由某个人设计的。在CD唱片流行的时期，人们无法随时随地尽情地听音乐，因为没有人会带着一箱子CD唱片到处走！要想畅快地享受音乐，该怎么办？有了问题，就会有人去解决，于是有了可以储存3 000首歌曲、长宽仅一英寸左右的、可以别在衬衫上的MP3方形电子设备，让你可以随时听音乐。正是因为一个个的问题，现在你使用的手机尺寸正好符合手掌大小，笔记本电脑的电池可以续航5个小时，闹钟铃声可以被设置成小鸟的啁啾声。相对于很多重大事件，闹钟恼人的铃声似乎并不是什么大事，但对那些厌烦了每天早晨千篇一律地听到刺耳的哗哗声的人来讲，这就是一个问题。因为问题的存在，你的家里有了自来水，人们在房屋建造中也使用了绝缘材料。抽水马桶被创造出来是因为一个问题，牙刷的发明也同样源于一个问题。椅子的出现更是因为某个地方的某个人想要解决一个大问题：坐在石头上屁股疼。

* ····· * ····· *

当然，工程问题和设计问题不同。我和比尔都是工程学专业的，工程学能够提供一种解决问题的好方法，前提条件是你不仅收集了大量相关数据，而且相信存在理想的解决方法。比尔曾为早期的苹果笔记本电脑设计铰链（即屏幕与键盘连接的转轴），他和他的团队想出的解决方案让早期的苹果笔记本电脑成为市场上人们最安心的选择。在得出最后的解决方案前，他们设计了很多原型，并且经过了多次的测试。这和设计过程有些类似，但他们的目标是明确的，即创造出一种能够连续使用5年的铰链，一种可以让电脑正常打开、闭合上万次的铰链。比尔和他的团队试验了多种不同的机械方法，最终实现了目标。一个工程问题一旦被解决，那么其解决方案就可以被重复利用几百万次，这就是工程问题解决方案的优势所在。

下面让我们来看一下什么是设计问题。以早期苹果笔记本电脑的"内置鼠标"为例。那时，使用苹果笔记本电脑几乎随时都要用到鼠标，而普通鼠标需要连接数据线才能使用，非常麻烦。这就出现了一个问题——显然，这是一个设计问题，它既没有设计先例可以借鉴，也没有一个确定的目标。实验人员绞尽脑汁，想出了各种不同的方法，但经过测试后都被一一否定了。当时，有一个叫约翰·克拉克欧尔的工程师经常修理小型轨迹球，一天，他突然有了一个疯狂的想法：把键盘尽量向后推，这样就可以留出足够空间安装这个小装置了。实验证明，这正是解决这个问题的重大突破，这个设计也自此成为苹果笔记本的标志性外观设计的一部分。

从美学上来说，产品的外观设计显然属于设计问题，它是一个无论设计师多么辛苦努力都无法找到"正确"解决方案的问题。例如，世界上有很多高性能的运动跑车，每一辆都能够激起你追求疾速的激情，但不管是保时捷还是法拉利，它们在外形上没有任何相似之处。两个品牌的跑车在机械结构方面的设计都很精湛，内部构造几乎完全一样，但就外观而言，从审美的角度看，却各有各的魅力。两个公司的设计师同样都很关注跑车外观的流线设计以及线条、前灯、隔栅的设计，但最后所做的方案完全不同。每一个公司都有自己的设计理念——法拉利跑车倾向于清晰展现充满激情的意大利风格，而保时捷跑车则倾向于展现德国人对速度的追求和严谨的态度。为了让这些工业产品成为"奔跑的艺术品"，设计师花费了大量时间研究美学原理。从某种程度上来讲，这就是我们会说"美学是终极设计问题"的原因。美学与人类情感相关——我们发现，当设计思维和设计者的情感相关联时,它就会成为最佳的问题解决工具。

我们现在面临的问题是:在大学生毕业时,如何帮助他们成为一个富有成效的、快乐的人?而且,在以后的生活中,他们到底要从事哪方面的工作?我们知道,设计思维是解决这个具体问题的最佳方法。设计你的人生并不是要求你制定一个明确的目标,例如设计一个可以使用5年的铰链,或者建造一座可以联结两块陆地的大桥,这些都是工程问题。解决工程问题时,你需要收集大量确凿的数据,然后找出最佳的解决方案。

当你有了一个目标(例如,一台便携的笔记本电脑、一辆外观"性感"的跑车,或者美好的未来生活),但眼下却没有一个明确的解决方法时,你就需要开动脑筋,进行各种疯狂的尝试和即兴创作,不断地朝着目标努力,直到找到一个有效的方法。不管是炫酷的法拉利跑车,还是超便携的苹果笔记本电脑,只要你找到了这个方法,你就会知道它就是你一直在寻找的。一个伟大设计的诞生,不是通过解方程式、表格计算以及数据分析实现的,它有自己的外观和感觉——一种单独对你诉说的靓丽美感。

同样，你精心设计的人生也会有自身的外观和感觉，设计思维会帮助你解决在设计人生时遇到的问题。每一个能够让我们的生活变得更加便捷、更加富有成效、更加幸福快乐的事物被创造出来，都是因为问题的存在——因为在世界的某个地方，总有某位设计师或者某个设计团队在努力寻找方法解决这个问题。我们的生活、工作和娱乐空间都是经过精心设计的，其目的是让我们生活和工作得更好、心情更愉快。在我们的外部世界中，不管我们看向哪里，我们都可以看见设计师解决问题之后所带来的变化。

由此可见，设计思维带来的好处无所不在。

在生活中，你也可以看到设计思维带来的好处。设计不仅是创造出一个很酷的东西（如便携笔记本电脑或者法拉利跑车），而且可以为我们打造一种很酷的生活。你可以利用设计思维为自己营造一种有意义的、快乐的、充实的生活。不论你现在或者过去从事什么工作，无论你年轻与否，你都可以利用设计思维创造并设计你的人生和未来。这种思维可以创造令人惊艳的技术、产品和空间，也可以创造美好的人生。精心设计的人生具有旺盛的生命力——它不仅具有持久的创造力和生产力,而且能够在不断发展中,为你带来各种惊喜。在精心设计的人生中,你得到的将远超你的付出;在精心设计的人生中,你不会感到每天都像被复制一样,枯燥乏味、千篇一律。

人生设计课的缘起

一切都始于一顿午餐。

确切来说,这一切始于20世纪70年代,当时笔者两人还是斯坦福大学的学生(戴夫比比尔入学早一点儿)。比尔兴奋地选择了产品设计专业作为自己的职业方向。小时候,比尔经常坐在奶奶的缝纫机下面画汽车和飞机。他读大学时选择了产品设计专业,这是因为他惊喜地发现,在世界上,每天都有很多人在从事设计工作,他们被称为"设计师"。今天,比尔作为斯坦福大学设计规划项目的执行总监,他依然在绘画和创作,并且指导大学生和研究生的设计课程;此外,他还在斯坦福大学的哈索普莱特纳设计学院任教——这是斯坦福大学的多学科创新研究中心，该学院的所有课程都以设计思维为基础。比尔也在新兴企业和世界100强企业工作过——他在苹果公司工作了7年，并设计出备受赞誉的笔记本电脑（和前面提到的铰链）；他还在玩具公司工作多年，设计了"星球大战"主题的超级英雄玩具。

对于能够就读于产品设计专业，并早早确定了一条充满愉悦感且可以施展抱负的职业道路，比尔认为自己非常幸运。在我们二人的教学生涯中，我们逐渐意识到，一个人若能够找对专业，早早确定自己的职业道路，是多么难得！很少有学生能够做到，即使是斯坦福大学的学生也不例外。

和比尔不同，戴夫在读大学时对自己将来要做什么并没有一个清晰的概念。他一开始读的是生物专业（稍后会详细介绍），后来转读了机械工程专业——坦白来说，这并不是一个多好的选择。在大学期间，戴夫对"我怎样才能够找到我的人生目标"这个问题也没有得到过任何有益的帮助。最后，他还是成功地找到了自己的人生目标，尽管"非常艰难"，但总算是找到了。戴夫在高科技领域做了30多年的行政部门领导和管理咨询工作，他非常享受这份工作。在苹果公司工作期间，他成功地研发了第一款鼠标，并负责苹果早期的激光打印项目。他还是美国艺电公司的共同创始人之一，并且帮助无数年轻的创业者找到了自己的人生目标。虽然戴夫的职业生涯在一开始并不如人意，但后来发展得非常精彩——他一直都十分清楚，寻找人生目标是最难的。

我们两人都开创了自己的事业，生活也很幸福，因此希望能够给我们的学生一些手把手的帮助。比尔在斯坦福大学工作，很多学生找他咨询，希望找到毕业后的人生目标。戴夫在加州大学伯克利分校任教，他在该校开设了一门名为"如何找到你的事业"的课程。在8年的时间里，这门课他一共教授了14次，现在他依然渴望为斯坦福大学贡献更多的力量。一路走来，戴夫和比尔不仅在工作上携手并进，私下里两人也是好朋友。比尔刚担任斯坦福大学设计规划项目的执行总监时，戴夫就知道了。戴夫非常了解这个项目，他意识到，若要成为一名设计师，需要掌握多学科的知识，这很可能会给学生带来沉重的负担——他们需要努力找到一种方法，构想一个具有个人意义并且具有商业前途的事业愿景。于是戴夫决定给比尔打电话，邀请他共进午餐，问问他的想法——看看会发生什么。如果此次谈话顺利，他们可能需要多次共进午餐以继续讨论这个话题，而若想看到成果，大概需要一年的时间。

这也就是为什么我们会说"一切都始于一顿午餐"。

没想到，午餐刚进行了5分钟，我们就达成了一致。我们决定一起在斯坦福大学开设一门全新的课程，运用设计思维帮助大学生设计毕业后的人生。这门课一开始只针对设计专业的学生，如果进展顺利，将面向全体学生。

如今，该课程已经成为斯坦福大学最受欢迎的选修课之一。

有人问我们在斯坦福大学具体做什么时，我们偶尔会给出一个经过精心设计的颇有内涵的答案："我们在斯坦福开设的课程可以帮助所有学生——在大学期间，或者大学毕业后，利用设计思维的创新原则解决有关人生设计的棘手问题。"当然，他们会继续问："太棒了！不过，这是什么意思？"

我们通常会说："我们教授的课程能够告诉你如何利用设计，确定你未来的人生目标。"这时，几乎每个人都会说："哇！我能上这门课吗？"多年来，对这个问题我们都给予否定的回答，至少对斯坦福大学的 16 000 多名学生而言，我们的回答都是否定的。现在我们终于不用说"不"了——我们已经开设了一个面向所有人的工作室,即"设计你的人生"(网址是:www.designingyour.life),而且我们两个人合著了本书,这样,即使没有机会在斯坦福大学读书,你也可以设计自己的人生了。

不过,在开始设计人生前,你必须要问自己几个很难回答的问题。

重新定义你的人生

就像唐纳德每晚都会在镜子前不停地问自己"我为什么要这样生活"一样,每个人对自己的生活、工作,以及自己在这个世界上生存的意义和目标都存有类似的困惑。

- 我如何才能找到一份自己喜欢的甚至是热爱的工作?
- 我如何才能创立一番伟大的事业,过上美好的生活?
- 我如何才能平衡好生活和工作之间的关系?
- 我如何才能实现自己的人生价值?
- 我如何才能变得苗条、性感,并拥有巨额财富?

除了最后一个问题，上述其他问题我们都可以帮你找到答案。

每个人都遇到过这样的问题："你长大后想做什么？"这是一个非常基本的人生问题——不管我们是15岁还是50岁。设计师喜欢提问，实际上，他们喜欢的是"重新定义问题"。

"重新定义"是设计师应该具有的最重要的设计心态之一，很多伟大的创新都起源于"重新定义"。在提到设计思维时，我们经常会说："不要从问题开始，要以人为本，抱持同理心。"一旦设计师与使用他们设计的产品的顾客有了同样的感受，他们就会确定设计理念、开动脑筋、进行头脑风暴和原型设计、挖掘他们不了解的地方。显然，这就是"重新定义"，即"轴点运动"。"重新定义"是指当我们对某个问题获得新的信息后，重新阐述我们的观点，重新开始思考并进行原型设计。例如你一开始觉得自己正在设计一个产品（一款新的混合咖啡和新款咖啡机），当你意识到自己实际上是在"重新设计"一种咖啡体验（如星巴克）时，你就是在"重新定义"。又如，你试图帮助贫苦大众，不再借钱给富裕阶层（贷款给富人），于是你借钱给那些因过于贫困而无法偿还钱款的人（如小额贷款机构和孟加拉乡村银行）。还有苹果公司团队推出的平板电脑系列，事实上也是对手提电脑的一种全方位的"重新定义"。

在人生设计中，我们经常会进行重新定义，其中最主要的原因是：人生不可能被设计得很完美，你的人生不可能只有一种活法。这是好事！你可以对自己的人生进行多次设计，而所有设计都是为了打造一种充满创造性，具有无限希望和意义的生活。生活不是一件物品，而是一种体验，设计并享受这种体验会带给你无限的乐趣。

对于"你长大后想做什么"这个问题，我们重新定义一下，可以改为"长大后，你想成为谁?"。生活的真谛在于让我们成长和改变。生活不会静止不动，生活不仅仅是为了让我们到达某个目的地；生活也不是一次性回答了上述问题，就万事大吉了。没有人真正知道自己想要做什么，即使是那些选择了做医生、律师或者工程师的精英人士也是一样，这些职位只是人生路上一个模糊的方向。在人的一生中，会有无数问题不停地出现，人们所需要的是一个过程——一个人生设计的过程，在这个过程中，找到自己究竟想要什么、想要成为什么样的人，以及如何拥有自己理想中的生活。

欢迎你加入"设计人生"运动

设计人生，意味着踏上了前进的道路：它可以帮助埃伦摆脱大学专业的束缚，找到工作；它可以帮助雅尼娜跳离现在的生活，过上她想要的生活；它还可以帮助唐纳德解决让他夜不能寐的那个问题。设计师会想象出一些原本不存在的东西，然后去建造，进而改变世界。你也可以这样做——你可以想象一种根本不存在的工作或者生活，然后据此塑造一个未来的你，进而改变你的生活。如果你很满意现在的生活，你热爱目前的状态，那么人生设计也可以让你的生活变得更加美好。

当你像一个设计师一样思考时，当你愿意提问题时，当你意识到生活就是设计以前并不存在的事物时，那么你的生活就会变得超乎想象、绚烂多彩。也就是说，如果你喜欢魅力四射的精彩生活，这便是了。毕竟，这是你自己的人生设计。

组建设计团队

在斯坦福大学的人生设计课上,学习设计思维及人生设计的学生已经超过了 1 000 人。我们可以非常自豪地说,没有一个学生在设计人生时失败。实际上,他们也不可能失败——我们两个人加起来有 60 多年的授课经验,我们曾经将这个方法教授给无数人,包括高中学生、大学生、研究生、博士生、20 多岁的年轻人、中年高管以及希望开启事业"第二春"的退休人士。

作为老师,我们一直秉持着"一日为师,终生为师"的准则。如果你上了我们的课,我们就会永远和你在一起。很多学生毕业多年后,依然会回来找我们,向我们讲述从人生设计课上学到的技巧、方法和思维是如何对他们的人生产生重要影响的。坦白说,我们两人希望并且坚信我们的理念也会给你们带来重大影响。

我们知道,斯坦福大学是一个凡事讲究严谨的地方。虽然奇闻趣事听起来不错,但在学术界却没有什么意义,而且数据最有说服力。眼下设计思维课程并不多见,我们的课程就是其中之一，它们都是经过科学研究证实，能够给学生带来重大影响的课程。曾有两位博士生专门就本课程做过研究，结果显示：学习我们课程的人能够更好地设计自己的人生，并且能追求自己想要的事业；他们不仅很少出现"思维误区"（即阻止我们前进的、错误的想法），而且能提出好想法，对生活的构思能力也大大增强了。所有这些策略都具有显著的"统计学意义"，这就是说，我们在课上所教授的方法和进行的练习，以及我们在本书中所介绍的方法和练习已经被证明是非常有效的，这些方法和练习可以帮助你们找到自己的人生目标，并且告诉你们如何去实现自己的梦想。

首先，我们要清楚，人生设计的确是一种高度个性化的行为。我们会为你提供一些技巧、方法和练习，但我们无法为你解决一切问题。我们不可能代替你思考，也无法改变你的看法，更不可能让你一下子就"顿悟"。但是，如果你使用了我们介绍的技巧，并做了练习，那么你将彻底明白你想要什么样的生活。有一个事实我们必须承认：世上有无数个"版本"的你，他们都是"正确的"。不论在生活的"影城"中，现在正在上演哪个版本的你，人生设计都将帮助你顺利融入其中。记住,没有错误的答案,我们不会给你打分评级。我们建议你做本书提供的练习,但在书后没有相关答案告诉你,你做得怎么样。在本书每个章节的后面,我们都会添加一些回顾练习,即课后练习——我们强烈建议大家能够尝试着做一做,这是设计师自己经常做的练习。我们不会拿你和任何人进行比较,你也不应该和他人进行比较。在这里,我们将和你共同创造新的人生,你可以把我们看作你的私人设计团队。

事实上,我们建议你走出去,组建一个设计团队——团队成员可以一起阅读本书,一起做练习;在团队中,你们可以彼此合作、互相支持、一起精心设计生活。随后,我们将详细介绍如何组建设计团队。现在,你的首要任务是阅读本书。很多人认为,设计师都是特立独行的天才,他们独自工作,等待灵感的闪现,寻找问题的解决方法。但事实并非如此。设计师有时是一个人工作,如设计工具或新式儿童积木,这样的设计通常只需要一个人就可以解决。但是,在高科技社会中,解决每一个问题几乎都需要设计团队的合作。在注重设计思维的今天,人们尤其重视团队合作。事实表明,最伟大的成果都源于团队的深度合作。深度合作的基本原则是,不同背景的、技术手段各异的、生活经历不同的人组成一个团队，共同努力。这样做不仅能够让团队成员透彻理解客户的需求，而且不同背景的人相互合作也有助于创造出别具一格的解决方案。

在斯坦福大学的设计学院，这一点已经得到了多次证明。由设计学院研究生组成的团队包括各个专业的学生，如商科、法律、工程、教育和医学，他们总是能够提出具有突破性的创新想法。把这些团队成员紧紧黏合在一起的是设计思维和以人为本的设计方法，团队充分利用了不同背景的学生的优势激发合作和进行创造。这些学生在报名参加我们的课程时，没有任何一个人学过设计。在团队建立之初，大家都非常努力并且高效。他们必须学会设计师的思维方式——尤其是深度合作和关注过程。很快，他们就发现，作为一个团队，整体的力量远远超过个人的力量，这让他们信心大增。很多成功的学生项目和创新公司，如 D-Rev 和 Embrace，都来自这个过程；同时，他们也证明了合作是完成设计不可或缺的方法。

所以，你可以做一个人生设计的天才，但不要认为设计天才一定要特立独行、独自创作不可。

像设计师一样思考

在开始设计人生之前，你需要学会像设计师一样思考。我们会给大家介绍一些简单的方法，但首先你需要明确一点：设计师并不是在"思考"他们未来的人生路，他们是在"创造"前进的人生路。这是什么意思呢？这意味着你不仅要凭空想象出许多和现实世界（或者真实的你）没有任何关系的有趣的事物，你还需要创造新事物（我们称之为"原型"），并进行测试练习。在这个过程中，你会体验到很多乐趣。

你想改变自己的职业吗？本书将帮助你实现这个改变。但你必须立刻行动起来，不要干坐着，而是应确定最终的目标。在这里，我们将教你像设计师一样进行思考，帮助你塑造未来，创造原型。印刷机、电灯泡和网络的发明离不开旺盛的好奇心和丰富的创造力，今天我们将激发你的好奇心和创造力，带领你迎接挑战，设计你想要的生活。

设计人生的焦点是工作和事业。我们必须承认，我们大部分时间都在工作，每天至少花 8 小时工作。工作有可能给我们带来巨大的快乐，这是生活的意义所在；工作也有可能带给我们无尽的痛苦，让我们感到上班的每一分钟都是煎熬，是在浪费时间，并且迫切渴望周末的到来。但是经过精心设计的人生绝对不会令你感到枯燥、乏味。是的，你活着绝不是为了一天把 8 个小时浪费在你憎恨的工作上，你不能虚度光阴。

这听起来可能有点儿夸张，但很多人都认为他们的生活状态就是这样。即使是那些幸运地找到自己喜欢的工作的人也经常有挫败的感觉，他们认为很难为自己设计一种平衡的生活。现在，是时候换种思维方式来思考一下了——对每一件事都要这样。

本书将介绍设计思维的 5 种基本心态，并教会大家如何应用它们进行人生设计。

这 5 种基本心态分别是：保持好奇，不断尝试，重新定义问题，专注和深度合作。它们如同 5 个设计工具，你可以用它们建造一切，包括你热爱的生活。

保持好奇。好奇心能够帮助人们挖掘事物的新鲜感，激发人们探索的欲望，让一切变得更有趣。最重要的是，好奇心会让你"好运连连"——这就是人们四处寻找机会的原因。

不断尝试。当你勇于付诸行动时,你就是在为自己打造一条不断前进的人生路。不要坐在那里空想,行动起来!设计师都乐于探索和尝试,他们会创造一个又一个原型。虽然经常失败,但他们从不放弃,直到找到解决问题的方法。有时,他们会发现问题与他们一开始设想的完全不同。设计师乐于接受改变,他们不会纠结于某一个特定结果;在他们眼中,没有最终结果,他们只专注于接下来要出现的东西。

重新定义问题。重新定义是指设计师转换其思维模式,摆脱困境的方法。通过重新定义,我们能够认识到问题的关键点。人生设计的关键就是重新定义问题,在重新构建的过程中,你可以退一步思考,重新审视自己的喜好，开启全新的解析空间。在本书中，我们将重新定义那些妨碍大家生活和工作的思维误区。要想找到真正的问题，找出正确的解决方法，重新定义问题是关键。

专注（了解人生设计是一个过程）。生活常常是复杂而混乱的，当你前进一步时，有时看起来你正在向后倒退。生活中的你可能会犯错，也可能会抛弃自己的原型。在这个过程中，你必须学会"放手"——不要纠结于自己最初的想法，放弃那个"不错但并不精彩的"解决方案。有时，令人惊艳的设计可能诞生于混乱之中。女士紧身衣就是在混乱中被发明的，不粘锅、万能胶、橡皮泥也都是这样被发明出来的。如果没有某位设计师在某个地方制造的一场混乱，这些东西可能就不会存在了。当你学会像设计师一样思考时，你就会知道"这个过程"意味着什么。

人生设计犹如一段旅途，不要纠结哪里是最终的目的地，而要专注于过程，看看接下来会发生什么。

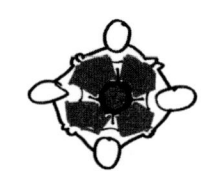

深度合作（寻求帮助）。在设计思维中，尤其是在谈到人生设计时，深度合作尤为重要。最优秀的设计师都知道，伟大的设计需要许多人的深度合作，需要一个团队共同完成。在海风吹拂的海岸上，一位画家能够独自创作出一幅艺术杰作，但单凭一位设计师却无法完成 iPhone 手机的创造，这与海风和沙滩无关。你的生活更像是一项伟大的设计，而不是一件艺术品，因此你无法独自创造它。你无须独自想出一个精彩的人生设计方案，设计是一个过程，需要与他人合作，最出色的想法大多源于很多人思维的碰撞。你需要做的，就是去问，但一定要知道自己应该问什么。通过本书，你将学会如何利用人生导师和支持团队，为自己设计人生。当你拥抱世界，世界必然会回馈你，你的生活也会随之改变。换句话说，人生设计和其他设计一样，也是一种团队活动。

激情是善于人生设计的结果

很多人都会陷入一种思维误区，他们认为只要找到让自己充满激情的事情，一切问题就迎刃而解了，似乎一旦某件事让他们激情澎湃，其他的一切就会奇迹般地明朗起来。我们并不赞同这种观点，一个非常明显的原因就是：大多数人并不知道自己的激情所在。

我们的同事威廉·戴蒙是斯坦福大学青少年研究中心的主任。他发现，在12岁到26岁的青少年中，只有1/5的人对他们将来想要做什么、想要取得怎样的成就有一个清晰的愿景。同样，我们的教学经验也表明，有80%的人并不是真的很了解自己的激情所在。

因此,求职者在与职业规划师谈话时,通常会出现如下对话:

职业规划师:"你最感兴趣的事是什么?"
求职者:"我不知道。"
职业规划师:"嗯,那等你找到答案后再来吧。"

一些职业规划师会对咨询者进行测试,评估他们的兴趣和优势,或者调查他们的技能,但参加这种测试的人都知道,测试结果并不意味着最后的结论。另外,知道了自己将来可能成为一名飞行员、工程师或者一名电梯修理工并没有太大的作用或者可借鉴性。因此,我们对能够让你充满激情的事情并不感兴趣,你真正需要的是花时间培养一种激情。研究表明,对大多数人来讲,当他们尝试了某件事后,他们便会对这件事产生兴趣,进而去掌握它、精通它。由此可见,激情是一种美好人生设计的结果,而不是原因。

很多人都找不到一件能够让他们充满激情的事情——一个独一无二的动机,可以促使他们做出重要的人生抉择,让人生的每一步都目标明确、充满意义。如果你觉得研究软体动物从寒武纪到现在的交配习惯和生理进化是你的目标，那么我们向你致敬；查尔斯·达尔文花了 39 年的时间研究蚯蚓，我们向达尔文致敬。我们并不赞同把 80% 的人排除在外的人生设计方法，实际上，大多数人都对各种各样的事情充满了激情，唯一可以了解他们想要什么的方法就是提供一些潜在的人生原型，并进行测试，看看是否会和他们产生共鸣。我们郑重提醒大家：如果是为了设计出你热爱的人生，那么你没有必要知道自己对什么充满激情。一旦你知道如何对你的人生进行原型设计，你就已经踏上了正道，而你对它有没有激情并不重要。

设计出美好的人生

精心设计的人生是一种有意义的生活，它可以让你、你的信仰以及你的行为实现和谐统一。当你拥有了精心设计的人生时，如果有人问你"最近怎么样"，那么你可以告诉他，你的生活相当不错，并且可以告诉他你是如何生活的。精心设计的人生是一系列精彩事件的集合，包括你的经历、冒险、成败，让你变得更强大的艰难时刻，以及取得成就时的满足感。我们必须强调的一点是，所有人的一生中都会经历失败和挑战，即使是精心设计的人生也是如此。

我们将帮助你设计出专属于你的精彩人生。我们的学生和客户都认为这是一个既有趣又充满无限惊喜的过程。我们必须向你说明，有时在这个过程中，你可能会远离你的"舒适区"。我们将会让你做一些让你感觉违背常理的事情，或者与你过去的认知不一致的事情。

保持好奇

不断尝试

重新定义问题

专注

深度合作

你可以思考一下，在你做这些事情时，发生了什么？当你致力于人生设计时，发生了什么？实际上，的确有一些非同寻常的事情发生了——一些你渴望的事情开始出现在你的生活中。例如，你听说你梦寐以求的职位出现了空缺，你碰到了一直想见的人。为什么会这样？对初学者来说，这就是我们早些时候提到的"好运连连"，这是好奇心和潜意识的结果，是发挥 5 种基本心态的作用带来的意外收获。另外，发现自我和了解自己的过程将对你的生活产生非同寻常的影响。当然，这需要你付出努力、采取行动，但令人惊讶的是，好像每个人都在对你伸出援助之手。当你意识到人生设计是一个过程，那么在前进的途中，你将拥有无限乐趣。

在人生设计的过程中，我们会伴你左右，引导你，向你发出挑战。我们将为你出主意，为你提供所需的技巧和方法。我们将帮你找到你的下一份工作，开创你未来的事业。我们将帮助你设计你的人生——一种你真正热爱的生活。

第 1 章
分析测评你目前的生活

在斯坦福大学的人生设计实验室有这样一个标牌，上面写着"你在这里"（You are here）。我们的学生都非常喜欢这句话。这个标牌告诉我们："你来自哪里、未来将走向何处、你拥有什么样的工作或者事业，或者你认为你应该拥有什么样的工作和事业，这些都不重要。不管你多么不擅长设计人生，不管你当下处于什么境况，设计思维都可以帮助你开拓前进之路。但在确定前进的方向之前，你需要知道自己所处的位置，知道你现在正在奋力解决的人生设计问题是什么。"正如我们前面介绍的，设计师喜欢问题，当你像一个设计师一样思考时，你处理问题的思路就会完全不同。那些能够让设计师兴奋的问题被他们称为"邪恶的"，这是因为这类问题都没有最终的解决方案。面对现实吧，你愿意阅读本书，那么说明在生活中的某个方面,你确实遇到了问题。

是的,你遇到了一个"邪恶的"问题,而这就是我们进行人生设计的最恰当也是最令人兴奋的起点。

发现问题 + 解决问题 = 精心设计的人生

在设计思维中,我们不仅重视解决问题,而且重视发现问题。想想看,如果你连问题都没找到,又何谈解决呢?实际上,发现问题并不是一件简单的事情,我们必须慎重对待。有时,你觉得自己需要换份工作,但你实际上并不知道自己真正需要的是什么。有时,你在处理问题时,就好像在做加减法一样,期望得到某个东西(加法)或去除某个东西(减法)。的确,我们都想得到更好的工作、赚更多的钱、获得更大的成功、有更多的储蓄、减掉近 10 斤的体重、避免不幸、消除痛苦,但我们并不清楚自己为什么感到不满,只是模糊地感觉自己想要一些不一样的东西,或者其他更多的一些东西。

通常,我们会以自己所缺少的事物来定义问题,包括以下情况:

- 你遇到了问题。

- 你的朋友遇到了问题。
- 所有人都遇到了问题。

问题可能会与你的工作、家庭、健康、爱情、金钱等其中的一个相关，也可能和所有的事情都相关。有时，问题似乎非常棘手，让你感到无能为力，你只能默默忍受——这样的问题就像一个烦人的室友，虽然你总是对他抱怨连连，但是从来没有想过把他赶出去。你的问题变成了你的故事，让你陷入其中无法自拔。在你做的所有决定中，确定待解决的问题是其中最重要的一个，因为经常有人花费数年甚至毕生的精力去解决一个错误的问题。

戴夫就曾遇到困扰他数年、让他无法自拔的问题。刚考上斯坦福大学时，戴夫学的是生物专业，但他很快意识到，他不仅讨厌这个学科，而且他还时常考试不及格。实际上，戴夫高中毕业时，他曾坚信自己注定要成为一个海洋生物学家。他之所以有这样特别的理想是因为两个人——法国著名的海底探险家雅克·库斯托和他的生物老师施特劳斯女士。

雅克·库斯托是戴夫儿时心目中的英雄。雅克制作的《雅克·库斯托的海底世界》节目，戴夫每一集都看过。戴夫非常喜欢海豹，他认为世界上最酷的事情就是以和海豹玩耍为职业。戴夫还特别想知道海豹是在水中还是在陆地上进行交配的。（多年后，随着搜索引擎的出现，他知道绝大多数物种都是在陆地上进行交配的。）

此外，在高中时，戴夫的各科成绩都非常优秀，但他学得最好的是生物，因为他最喜欢生物老师施特劳斯女士。施特劳斯女士讲课非常生动，戴夫认为，正是因为施特劳斯女士教得好，所以他才对生物产生了浓厚的兴趣。

因此，在雅克·库斯托和施特劳斯女士的双重影响下，戴夫读大学时选择了生物专业，而且坚持了两年。戴夫认为他当时正在解决的问题是"如何成为一名海洋生物学家"，或是"如何像雅克·库斯托一样，成为'海洋之神'"。上大学时，戴夫坚信自己会成为一名海洋生物学家，但斯坦福大学没有开设海洋生物学专业，于是他选择了生物学。结果，他发现自己并不喜欢这个专业。那时，生物学专业的课程大多和生物化学及分子生物学有关，而且戴夫的专业课差得一塌糊涂，他的梦想——说着法语、以和海豹嬉戏玩闹为职业的梦想也随之破碎了。

对生物课不感兴趣、专业课成绩不好——戴夫觉得这一切都是因为自己没有接触到真正的科学,因此,他决定做一些真正的科学研究,比如进一步了解海豹的交配习性。于是,他开始在实验室"研究核糖核酸",实际上他大多数时间都是在清洗试管,这不仅让他感到无聊,而且让他对这个专业更加难以忍受。

那时,生物助教经常问戴夫为什么选择生物专业。当戴夫告诉他们是因为施特劳斯女士、雅克·库斯托和海豹时,他们会打断他说:"你生物学得不好,你并不喜欢这个专业,这让你非常暴躁,对大家也不友善。你应该放弃这个专业!你擅长的是辩论,或许你可以成为一名律师。"

尽管大家都觉得戴夫不适合这个专业,但他依然固执地认为自己一定会成为海洋生物学家,他认为自己的"问题"在于成绩不好。因此,他继续努力学习,想要提高考试分数。他一门心思纠结在自己以为的"问题"上,以至于忽略了真正的问题——他就不应该选择生物专业,"注定成为海洋生物学家"的想法从一开始就误导了他。

由此可见,人们经常花费大量时间在错误的问题上,这种现象已经屡见不鲜。如果他们足够幸运，便会很快遭遇失败，然后迫于无奈去探寻真正的问题。如果他们没那么幸运，而且非常聪明，那么他们将取得成功——我们把这种成功称为"成功灾难"，然后十年后才会醒悟过来，不断地问自己："我是怎么走到这一步的？我为什么不幸福？"

戴夫想成为一名海洋生物学家的梦想破灭了，他不得不承认自己的失败，并且转了专业。显然，专业不适合——这个别人可能只需要两周就能解决的问题，戴夫却纠结了两年半。他最终转到了医学工程专业，这让他非常快乐，而且学得非常好。但是，他依然希望自己有一天能够和海豹嬉戏玩耍。

辨识无法解决的"重力问题"

如果戴夫在高中毕业时能够像设计师一样思考，他就不会武断且盲目地决定自己的大学专业，而是会对一切都充满初学者般的好奇和求知欲。拥有了初学者的心态，他就会弄明白海洋生物学家到底在做些什么，然后向一些专家咨询。他可以去斯坦福大学霍普金斯海洋站咨询生物化学专业的具体情况，他会做一些尝试，花些时间去外海，这样就可以体会这类工作是否和电视上的一样富有魅力。他有可能登上一艘考察船，进而有机会和真实的海豹近距离接触。但这些他都没有做，只是根据自己心中的构想选择了生物专业。

那么，你也是这样吗？你也经常固执地坚持自己最初的想法，不管事实证明这个想法多么糟糕，你也不想放手？现在的你是否依然坚持最初的梦想，认为不需要调查研究就可以知道问题的答案？你是否会经常自省，看看自己是否找到了真正的问题？

"我需要一份更好的工作"——这并不能解决你下面的问题——"我工作不顺心，还不如在家陪孩子"。一定要注意，好问题并不代表它是你真正面临的问题。不要去解决这样的问题，不要用工作逃避婚姻问题，不要用一顿大餐来消除工作烦恼，否则你就会像戴夫一样，浪费大量的时间在错误的问题上。

此外，我们往往会陷入"重力问题"的泥沼。

"我最近遇到了一个大麻烦，不知道怎么办。"

"哦，简，什么问题？"

"重力。"

"重力？"

"是的——烦死我了！我感觉整个人非常沉重——骑自行车上坡时也越来越困难，那种沉重感总是跟着我，我不知道如何去除它。你能帮助我吗？"

这个例子听起来似乎有点儿蠢，但是我们经常会听到各种版本的"重力问题"。

"在目前的文化环境中，作为一个诗人，不仅收入低，而且也不受尊重，我该怎么办呢？"

"我工作的公司是一家家族企业，已经传承了5代人。作为一个'外人'，我根本没有机会晋升到管理层，我该怎么办呢？"

"我失业5年了，现在更难找到工作了，这太不公平了，我该怎么办呢？"

"我想重新回到学校念书，然后成为一名医生，但这至少需要10年的时间。我不想花费这么长的时间，我该怎么办呢？"

以上都属于"重力问题"，也就是说，它们并不是真正的问题。这是因为在设计人生的过程中，如果一个问题不能被解决，那么它就不是真正的问题。让我们再强调一遍：如果一个问题不能被解决，那么它就不是一个问题。它只是一种情况，一种环境，一种生活现实；它像重力一样，是一个无法解决的问题。

这里有一个小小的诀窍，它有助于你节省大量的时间——几个月、几年，甚至几十年。这个诀窍就是——接受现实。我们拼命与现实抗争，利用所拥有的一切去改变现状，但不论你怎样做，现实永远是赢家。你无法打败它，无法欺骗它，也无法让它屈服于你的意志。

现在不能，以后也不能。

重力问题

明确如何解决所谓的重力问题是非常重要的。记住，我们的重点是让你不要纠结于那些无法付诸行动、无法解决的问题。但是，当你纠结于重力问题时，你就会深陷其中、无法摆脱，因为你什么也做不了。

重力问题有两种情况——一种是完全无法解决的问题（如地球重力的问题），一种是不具有可操作性的问题（如提高诗人平均收入的问题）。我们应该搞清楚困扰自己的问题究竟是一个不可解决的重力问题，还是一个棘手的、需要付出很大努力、承担很大风险的问题。下面，我们来分析一下。

妨碍自行车上坡的重力。 你不可能改变地球的重力。要想改变地球重力，只有改变地球的运行轨道才可以实现，这是不可能的，接受现实吧。当你接受这个事实时，你的视野就会开阔，你就会寻找其他可行的方法来解决这个问题。骑自行车上坡时，如果骑车人想减轻重力的影响，可以买一辆更轻便的自行车，也可以试着减减肥，或者了解更有效的爬坡新技术（研究证明，骑小轮自行车且快速蹬时，上坡会变得更容易。上坡所需的更多是耐力，而不是力量）。

诗人的收入。 要想改变诗人收入的平均数，你必须先改变诗歌的市场需求，让人们购买更多的诗歌作品，或者为诗歌付更多的钱。你可以写信给编辑、大赞诗歌，也可以在你家附近的咖啡馆里举办一个"诗歌之夜"的聚会，然后挨家挨户地敲门，请大家来参加。但是，这样做成功的可能性非常小，我们依然建议你接受现实。如果你能够听从我们的建议，你的注意力就会被转移，进而为其他问题寻找解决方案。

失业 5 年的求职者。如果你曾经失业很长时间，那么想再次进入职场则是十分困难的。研究表明，大多数雇主都不会招聘有过长期失业经历的人。显然，大家会毫无理由地相信，你长时间找不到工作一定有非常充分的理由。这就是一个重力问题——你不能改变雇主的看法，与其企图改变别人的看法，你还不如思考一下如何改变自己。例如，你可以考虑从事一些志愿性质的工作，列举自己的专业成果（最好不要提自己过去的报酬有多低）；你也可以去一些年龄歧视不那么严重的行业找工作。（对于自己能够在后来进入教师行业，戴夫心中充满了感激。现在，戴夫的年龄被看作智慧的源泉，他也不必在年龄比他小一半的客户面前假装自己是营销专家了。）即使面对严峻的现实，你也可以找到自己能够胜任的工作——找到它，立刻采取行动，不要再和重力对抗！

家族企业的"外来者"。在过去的 132 年间，公司的管理层都是由家族内部的人担任，没有一个外姓人。但是，你觉得只要自己工作表现突出，耐心静候时机，三五年后你就会成为公司副总裁。好吧，你可以花上三五年的时间去等待时机，但是，你要清楚，你未必会成功。我们觉得买张彩票更实际一点儿，你有其他选择——你可以秉持初衷，但应选择一家不是家族企业的公司。要知道，只有接受了现实，你才能拥抱美好的生活。换个角度思考这家家族企业：值得信赖的企业、可观的收入，都是你职业安全感的来源。没有了连续升迁的可能性，你也就不必要承担过多的责任——你可以平衡好工作和生活，也可以寻找更感兴趣的事情去做，放弃对权力的追逐。你可以在工作岗位上创造出新价值，促进公司发展、增加利润，成为某个方面的专家，做一个职场达人。也许你永远不会成为公司的副总裁，但你有可能成为工资最高的中层管理人员。如果你获得了期望中的工资，谁还会在乎一个头衔呢？

用 10 年时间攻读医学博士。这也是一个重力问题，除非你打算把改革医学教育作为你人生设计的起点。因此，你能做的就是改变你的想法。在美国的各大医院里，绝大部分诊治病人的工作都是由住院医师负责的。如果你不能改变你的生活，那么你可以改变你的想法；也可以选择换一条路试试，比如成为一名医师助理，医生的工作很多都是由助理来完成的。你还可以选择进入保健领域，比如在一家理念先进的保险公司开展疾病预防项目，虽然这类工作和临床治疗无关，但你依然可以在健康领域做出贡献。

* ….. * ….. *

关键是，当你在某件事上没有任何成功的可能时，不要死揪住不放。你可以确定一个远大的目标，比如食品安全、男女平等、环保等。但在采取行动时，请选择明智的方法。如果你的思想开明，能够接受现实，你就可以重新构建一个可解决的问题，设计出一种应对方法，发挥你的作用。这就是我们的目的——我们会尽可能为你提供最佳方案，让你拥有你想要的生活。我们将帮助你在现实生活中设计美好且真实的人生，而不是一个虚幻的世界。

面对重力问题，唯一的解决途径就是接受它。这是优秀的设计师在一开始必须明白的——这就是"你在这里"这句话的含义，即设计思维中的"接受"阶段。接受，也是设计人生的起点。人生设计的起点不是你希望到达的地方，更不是你认为自己应该在的地方，而是你当下所处的真实位置。

人生设计评估

从当下所处的位置开始人生设计，我们需要把生活分成若干个不同的区域——健康、工作、娱乐和爱。正如我们之前提到的，我们大部分的注意力都集中在工作上，但是只有在工作与生活达到平衡时，你才会明白如何设计你的工作。因此，你首先要知道自己在哪里，并且对你的情况进行评估，对你的生活进行盘点，清楚地描绘你的现实情况，并回答一个老生常谈的问题："你最近怎么样？"下面，我们首先来看看需要评估哪些方面的内容。

健康（Health）。从人类文明初期开始，善于思考的人已经认识到了健康的重要性。我们谈到的健康是指良好的思维、身体和精神状态，即情绪健康、身体健康和心理健康。如何权衡这三方面的健康情况由你自己决定，而且你要时刻关注自己的健康。在回答"最近怎么样"这个问题时，你的健康程度将成为你评估生活质量的重要因素。

工作（Work）。我们所说的"工作"是指你参与的人类在地球上不间断的伟大的探险活动。你也许会得到报酬，也许不会，不管怎样，这便是你正在"做"的工作。如果你在经济上还没有独立，那么通常你至少有一部分"工作"是有报酬的。大多数人都会同时做多种"工作"。

娱乐（Play）。娱乐就是为了快乐。我们所谓的娱乐指的是用手指蘸着泥巴作画，而不是足球争霸赛。任何活动都可以被称为"娱乐"，只要你从中感受到了快乐。"娱乐"活动既包括有组织的活动、各种竞赛，也包括生产性的活动。在做这些事情的时候，如果你只是为了寻找快乐，那么这就是"娱乐"。但是，当进行一项活动时，如果你是为了获胜、进步或实现目标，即使你在其中感受到了快乐，我们也不能说它是娱乐活动。

爱（Love）。我们都知道"爱"是什么，我们也都知道自己什么时候拥有爱。是爱让世界转动，没有了爱，生活就失去意义。我们不会尝试给"爱"下一个定义，我们也没有什么行动方案可以帮助你寻找真爱，但是，你必须关注"爱"。爱有多种类型，如亲情、友爱和爱情；爱可以来自很多人，如父母、朋友、同事以及爱人。你和他人，彼此分享了情感，有了爱，那么也就产生了亲密感。在你的人生中，谁爱你？你又爱谁？你是如何爱他们的？他们又是如何将爱给予你的？

在生活的这4个领域，每个人都有需要进行调整或重塑的地方。首先，你应挑选出需要设计的领域，然后，对选定领域的设计方法进行探索。当你开始打造前进的人生路时，你会需要觉知和好奇心这两种设计思维模式。

下面这个练习将帮助你确定你的位置以及你准备处理的设计问题。如果你不知道自己当下的位置，就无法知道自己未来的方向。

现在，请做下面的练习。

这也是我们的标识牌上写着"你在这里"的原因。

"健康/工作/娱乐/爱"仪表盘

评估当前情况（"你在这里"）的一个方法就是关注我们提

供的"健康/工作/娱乐/爱（HWPL）"仪表盘。把它想象成你汽车仪表盘上的测量仪。通过汽车上的测量仪，你能够了解爱车的情况，比如，是否有足够的汽油完成旅途？润滑油是否可以让发动机运转顺畅？发动机是否过热？是否需要打开散热器？同样，根据 HWPL 仪表盘，你可以了解自己在这 4 个方面的情况，为你的人生旅途提供充足的能量和关注点，让生活顺利地运转起来。

> 思维误区：我应该已经知道自己的目的地了。
>
> 重新定义：只有你了解了自己现在的位置，你才能知道如何到达目的地。

我们将请你评估一下你的健康状况、工作方式、娱乐情况以及你拥有爱的现状。在我们的图表中，健康在最下面，因为一旦你失去了健康，那么其他的一切都无从谈起。虽然工作、娱乐和爱也非常重要，需要我们特别关注，但它们都是以健康为基础的。我们想要强调的是，在这几个领域之间并不存在一个完美的平衡模式。在人生的不同阶段，我们对健康、工作、娱乐和爱的关注度也是不同的。一个刚从大学毕业的单身年轻人，可能身体特别健康，他在娱乐和工作方面所占的比重很大，甚至还没有经历过一段深刻的恋爱。一对年轻的夫妻，有了孩子后，他们可能依然有很多娱乐时间，但这时的娱乐和单身或者没有孩子时的娱乐又有了很大的差别。人到中年，健康成为他们尤其关注的方面。关于这4个方面，你会找到适合自己的比例搭配。

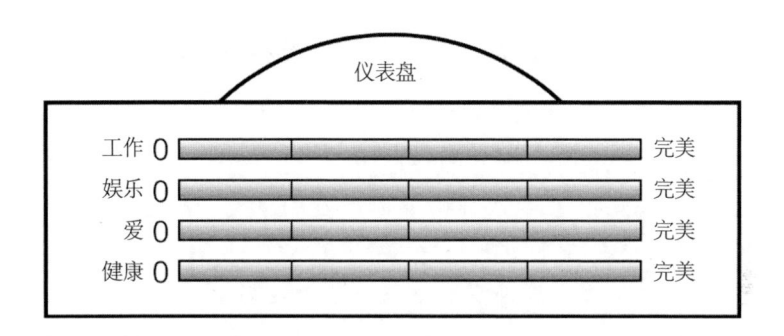

	仪表盘	
工作 0	▭▭▭▭	完美
娱乐 0	▭▭▭▭	完美
爱 0	▭▭▭▭	完美
健康 0	▭▭▭▭	完美

当你考虑健康问题时，我们建议你不要只是做体检。在人生设计中，你不仅要有健康的身体，还要有积极的心理状态，要经常进行精神上的修行。我们所说的"精神修行"并不一定非得是宗教性质的，任何基于信仰的高于我们自身的精神活动

都可以被称为"精神修行"。另外，健康的几个方面也没有一个客观、完美的平衡比例，你只能在主观上感觉，如"我很知足"或"若有所失"。

虽然我们并不追求健康各个方面的完美平衡，但下面的这个图表会时不时向我们发出警告，告诉我们有什么地方出错了。这个表格可以作为一个指示器，就像汽车仪表盘上的故障信号灯一样，及时提醒我们靠边停车，查找哪里出现了问题。

以实业家弗雷德为例。一天，弗雷德在看到他自己的"仪表盘"后发现，在健康和娱乐这两项上，他几乎没有任何显著的记录。他的"仪表盘"是这样的：

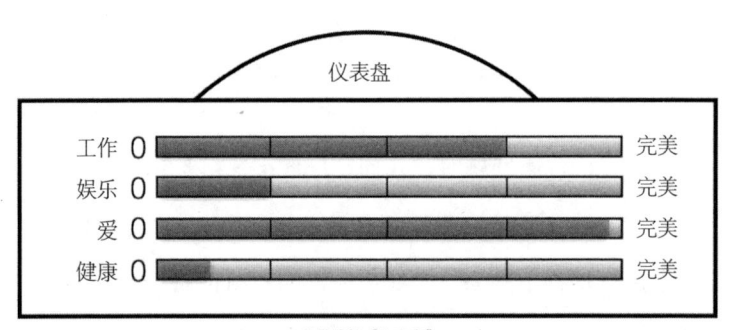

仪表盘

	0					完美
工作	0					完美
娱乐	0					完美
爱	0					完美
健康	0					完美

弗雷德的"仪表盘"

弗雷德非常注重家庭生活，他花了很多时间陪伴妻子和家人——创业可能会给夫妻关系带来严峻挑战，因此，他非常满意自己在"爱"一栏的评估结果。他愿意放弃大部分的娱乐时间，因为创业让他"累得要死"，所以这一方面的失衡他可以接受。但是，这个结果让他认识到，在健康方面他也出现了问题——在他的"仪表盘"上，健康一项已经亮起了红灯。"要想成为一个成功的、高效能的实业家，尤其是在承受高压的创业初期，我不能生病。我需要重视健康问题，尤其是在刚开始创业时。"于是，弗雷德雇了一个私人教练，一周健身三次，并且利用上下班时间聆听具有挑战性的有声知识读物。报告显示，在他做了调整之后，他的工作效率更高了，而且他对工作和生活的满意度也大大增强了。

黛比是苹果公司的一名产品经理，最近为了她的双胞胎孩子，她辞职了。令人惊讶的是，她发现自己的"仪表盘"状况良好。"我原本觉得，既然我不再工作了，那么仪表盘上的'工作'一栏一定是亮红灯的。现在我明白了，如果我正确看待我为家庭和孩子所做的一切，那么我实际上就是在工作，而且工作起来也更有效率。目前，我非常注重自己的身心健康，以确保我和孩子们相处起来快乐愉悦。这个仪表盘证明了我做出的选择是正确的,我应该辞职在家陪伴孩子们。"

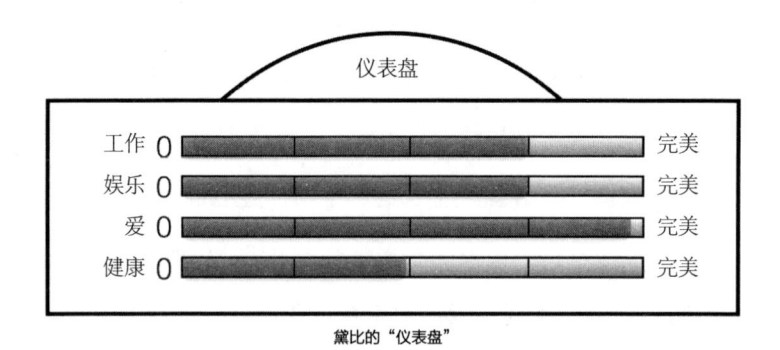

```
                    仪表盘
        工作  0 ▓▓▓▓▓▓▓▓▓▓░░  完美
        娱乐  0 ▓▓▓▓▓▓▓▓▓▓░  完美
        爱    0 ▓▓▓▓▓▓▓▓▓▓▓  完美
        健康  0 ▓▓▓▓▓░░░░░░  完美
```

黛比的"仪表盘"

这就是弗雷德和黛比的 HWPL 评估结果,下面我们来看一下你的仪表盘。

你的健康评估

正如我们之前所提到的,健康不仅是指良好的身体状况,还包括情绪和心理上的健康。健康的这三个方面哪个更重要完全取决于你。健康也不单单是指良好的体检报告。请快速评估一下自己的健康情况，然后填写你的评估表（我们将以比尔填写的仪表盘为例，供大家参考）。

你对自己健康情况的评估不仅会影响你对自己生活质量的评估，还会影响你未来的生活，以及如何重新设计以后的人生之路。

健康

0 |＿＿＿|＿＿＿|＿＿＿|＿＿＿| 完美

比尔的健康评估

健康：我的身体一直很健康，在体能上也还不错，就是胆固醇有点儿高。要想达到理想体重，我需要减掉 14 斤。由于缺乏运动，我的身材有点儿走样。我如果稍稍跑几步，就需要停下来喘口气。我会阅读关于生活、工作和爱的哲理，还会阅读关于心理和健康方面的最新研究成果，但我记忆力越来越差了。每天早上我都会对自己说一句积极向上的话，这完全改变了我的人生观。自从我儿子 21 年前出生，我就参加了一个男子社团，团队成员既是我的指导者，也是我的朋友，我们一起经历了很多心灵之旅。我觉得我的健康状况达到了"1/2"的状态。

0 ━━━━━━━━━━━━━━ 完美

你的工作评估

列一个清单，写出你所有的工作方式，然后从整体上评估你的工作情况。假设在你的清单上，有一些工作会让你得到报酬，包括朝九晚五的工作、兼职工作，以及其他顾问或咨询类的工作等。如果你固定在某个组织中担任志愿者，也把这一点记下来。如果你是一个家庭主妇，那么一定要明白，养育孩子、为家人烹饪、照顾年迈的父母、做家务都属于"工作"内容。

工作

0 ▭▭▭▭ 完美

比尔的工作评估

工作：我在斯坦福大学工作，为大家提供私人咨询服务。我在工作坊教授"设计人生"这门课程。VOZ 是一家公益性质的新兴企业，我是该公司董事会成员（无偿）。

0 ▭▭▭▭ 完美

你的娱乐评估

娱乐是一种活动,在进行这项活动时,你必须是单纯为了追求快乐。娱乐活动包括有组织的活动,也包括生产性的活动,但都是为了寻求乐趣,而不是追求价值。我们坚信,每个人都需要娱乐。人生设计非常关键的一步就是确保你生活中的每一天都能有一些娱乐时间。列一个清单,记录下你的娱乐方式,然后完成娱乐评估——1/4,1/2,3/4,还是达到了完美状态?

娱乐

0 　　　　　　　　　　　　　　　　完美

比尔的娱乐评估

娱乐：我的娱乐活动就是为朋友做大餐，组织大型户外派
　　　对——就这些。（顺便说一下，比尔认为自己在这方面已经
　　　亮起了红灯。）

0 ▬▭▭▭▭▭ 完美

你的爱的评估

我们都认为，爱让世界运转，没有了爱，世界将黯淡无光，毫无生气。我们也知道，我们必须多多关注爱。爱有多种形式——首先是男女之爱，对孩子的爱紧随其后，然后是对其他人、宠物、团体或其他事物的情感。爱与被爱同样重要——爱是双向的。想想看，在你的生命中，爱流向了何方？流向了你自己？还是流向了他人？做一个列表，完成爱的评估。

爱

---

0 |▭▭▭▭| 完美

比尔的爱的评估

爱：在我的生活中，爱体现在很多方面——我爱我的妻子，爱我的孩子，爱我的父母和我的兄弟姐妹；同时，他们也以各自的方式爱着我。我爱伟大的艺术，尤其是绘画作品，没有什么比绘画更能触动我。我喜欢各种形式的音乐——音乐让我开心，也让我悲伤。我喜欢世界上所有让我震撼的风景——不管是人造的，还是大自然的杰作，我都喜欢。

0 |████▓ | 完美

回顾一下比尔的仪表盘，看看他在娱乐和健康方面存在的问题。亮起的"红灯"表明比尔需要注意这些方面了。

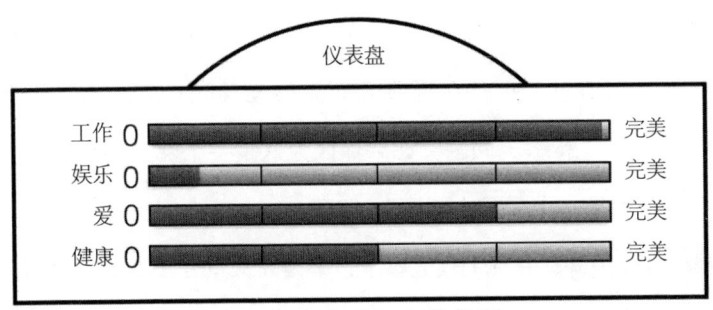

```
                        仪表盘
     工作 0 ███████████████████████ 完美
     娱乐 0 ████                     完美
      爱  0 ████████████████████     完美
     健康 0 ██████████████           完美
```

比尔的"仪表盘"：娱乐一项亮起"红灯"

像设计师一样思考

通过"健康/工作/娱乐/爱"仪表盘，你对自己当前的情况已经有了了解，知道了一些有关自身的数据。只有你才能搞清楚自己在哪方面存在不足，而且立刻就可以了解。

在阅读了更多章节，并且掌握了更多的技巧后，你可能想重新做一下这个评估，看看是否有什么变化。既然人生设计是一个不停歇的实验、一个原型迭代的过程，那么一路走来，你将会面对无数出入口。如果你能够像设计师一样思考，你就会知道，工作永远做不完，娱乐会永远继续下去，爱不会消失，健康也远未达标。因此，看到这 4 个方面的评估结果，对此你是否认真地思考过？在哪些方面需要改善呢？或许你已经遇到了一个"邪恶"问题？如果你认为这是一个邪恶问题，要看看它是不是一个"重力问题"。问问自己，这个问题是否具有可操作性。另外，在你的仪表盘上，平衡非常重要，不要想象在你的生活中会出现完美的对称或者绝对的均衡，把健康、工作、娱乐和爱进行平均分配是不可能的，当然也不能让生活完全失去平衡，不然一定会出现问题。

比尔发现，他的娱乐评估所占比例太低了。那么，你的娱乐评估是否只占了 1/4？你的工作是否已经满格，甚至超负荷了？你关于爱的评估比例是多少？你的健康情况又是怎样的？你的心理健康情况怎么样？也许，你已经意识到自己的生活需要重新设计或者做出一些调整了。

当你开始像设计师一样思考时，请记住：预测未来是不可能的。由此可见，一旦你设计了某个目标，它就会改变你潜在的未来。

设计人生会改变你潜在的未来，这一定会让你感到不可思议。

因此，虽然你无法知晓未来，但是在你开始进行人生设计之前，你至少应该充分了解自己的起点。现在，你必须找到正确的人生方向，所以你需要一个指南针。

小练习　　"健康/工作/娱乐/爱"仪表盘

1. 就这4个方面的情况写几句话。
2. 在每个仪表盘上标出你的位置（0~完美）。
3. 在这4个方面，你是否存在需要解决的问题。
4. 你的问题是不是一个"重力问题"？

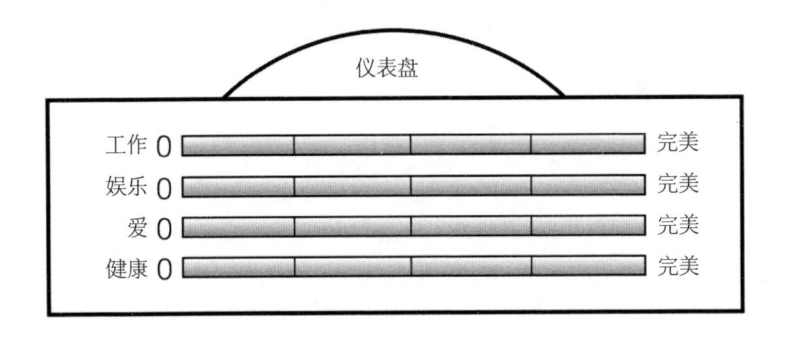

仪表盘

工作 0	完美
娱乐 0	完美
爱 0	完美
健康 0	完美

第 2 章
创建人生的指南针

现在，我们问你三个问题：

你叫什么？

你想要什么？

一只无负重的燕子飞行时速是多少？

对你来说，回答其中两个问题可能非常容易。所有人都知道自己的名字，通过搜索引擎，我们就可以得到第三个问题的答案——每小时 24 英里①（如果你是电影《巨蟒与圣杯》的铁杆粉丝，你就知道这个速度是针对欧洲的燕子的）。

接下来，让我们一起讨论一下第二个问题，这个问题有

---

① 1 英里 ≈ 1.609 千米。——编者注

点儿难度——你想要什么？不难想象，如果让大家把自己尝试理解生活的时间全部加起来，那么必然会有一些人高估自己花费在"真正的精彩的生活"上的时间。真正的！精彩的！生活！

我们总是在为生活而焦虑，我们分析生活，甚至对未来进行推测。但是，担忧、分析和推测并不是最好的发现工具，这会让我们产生莫名其妙的失落感及困惑感。这些工具经常让我们在原地打转，浪费数周、数月甚至几年的时间坐在沙发上（或者陷入一段恋情中）冥思苦想下一步该做什么。你会感到生活像是一个巨大的DIY（自己动手做）项目，只有少数人能够获得指南手册。

这不是在设计人生。这说明你对生活很迷茫。

我们在这里，就是为了改变这一切。

我们还有一些问题要问大家，公元前5世纪，古希腊人已经提出了这些问题。从那以后，很多人都在追问"美好的生活是什么样的？如何定义它？如何实现它？"以及如下问题：

我为什么在这里？

我正在做什么？

这一切为什么重要？

我的人生目标是什么？

人生的意义是什么？

对你来说，人生设计就是针对这些问题，找出你自己的答案，发现属于你的幸福生活。针对"我为什么在这里""我正在做什么"以及"这一切为什么重要"等问题，戴夫和比尔的回答迥然不同，你的回答也不会和我们一样，但是，所有人面临的问题都是一样的。幸运的是，我们都能为自己的生活找到答案。

在上一章中，你回答了"最近怎么样"这个问题——在和学生交流时，我们经常问这个问题。如果你填写了人生设计仪表盘，那么你现在应该很清楚自己在哪个方面是满分，在哪个方面几近空白。这也是人生设计的第一步。

第二步就是来创建你的指南针。

创建指南针，你需要两样东西——一个是工作观，一个是人生观。我们需要知道工作对你来说意味着什么。工作的目的是什么？你工作的原因是什么？是什么让工作变得有趣？如果你能清楚地阐述你的工作观（工作的目的和原因），你就不会让其他人为你设计人生。建立自己的工作观是创建指南针的重要组成部分；另一个重要组成部分是人生观。

人生观听起来似乎很高深，但实际上并非如此——每个人都有自己的人生观。人生观是你对世界以及世界如何运行的看法。是什么赋予了人生的意义？是什么让你的生活有价值？你是如何和你的家人、你所在的社区以及整个世界联结的？为什么金钱、名誉和个人成就会提高你的生活满意度？在你的人生中，阅历、成长和成就感重要吗？这些方面有多重要？

一旦你写下了你的工作观和人生观，并且完成了随后的一个简单练习，那么你就会拥有自己的指南针，从此踏上人生设计的大道。众所周知，青少年、大学生以及空巢老人都有各自的工作观和人生观。因此，你没必要现在就对自己的整个人生负责，你只需要为当下的生活创建一个指南针即可。

帕克·巴默尔是一位著名的教育改革家，著有《与自己的生命对话》一书。他说，某一天，他突然意识到自己虽然正在做着一份崇高的工作，却在过着他人的生活。帕克一直在模仿他的偶像——马丁·路德·金和甘地，帕克非常推崇他们的理念和人生目标，因此他努力追寻两位伟人的前进方向，推动教育改革也并非出自他的本心。他在加州大学伯克利分校获得博士学位后，便一直以成为一所名校的校长为自己的人生目标。但帕克逐渐意识到，他认可马丁·路德·金和甘地的理念，但这并不意味着他必须和他们走相同的路。他重新设计了自己的人生，转而成为一名作家——他依然在为了同一个目标而努力，但他不再模仿他人，而是做更加真实的自己。

问题在于，在这个世界上以及我们的大脑里，总有各种强有力的声音告诉你应该做什么、应该成为什么样的人，因为有很多人给你树立了"应该如何生活"的榜样，你也可能像帕克一样，一不小心就跟随他人的指南针，复制着他人的生活。若要避免这种情况，最好的方法就是清楚地阐述你自己的工作观和人生观，为自己创建一个独一无二的指南针。

我们的目标非常简单：你的人生应具备一致性。在具有一致性的人生中，你才能清楚地把下面这三件事相互关联起来：

- 你是谁？
- 你的信仰是什么？
- 你正在做什么？

例如，如果在你的人生观中，你坚信应当保护地球环境，为下一代创造一个良好的生活环境。但是，你所在的企业却正在破坏地球的环境，还付给你非常优厚的薪酬。因此，在你的信仰和你正在做的事情之间就缺少了一致性，你会感到失望、没有满足感。在人生的道路上，有得必有失，我们都要做出一些妥协，包括容忍自己不喜欢的事物。在你的人生观中，你认为艺术是人生唯一的追求，但你的工作观却告诉你，你必须赚到足够的钱养家糊口，让家人衣食无忧，那么你的人生观就需要做出某些让步。这都没关系，因为这是一个非常明智的决定，可以让你的生活走在"正轨"上，保持一致性。但是，保持生活的一致性并不意味所有的事情都会被梳理得井井有条，当有一个指南针为你指引方向时，你就可以不再做出妥协。如果你能清楚明白"你是谁，你信仰什么以及你正在做什么"三者之间的联系，那么你就会知道自己是否走在"正轨"上，何时有压力，何时需要谨慎地做出让步，什么时候要更改你的专业。在和学生的交流中，我们发现，实现这三方面的和谐一致有助于提升你的自我意识，让你的生活更幸福、更有意义。

因此，现在你可以创建自己的指南针，着手解决你的需求。你的需求非常简单，就是设计你的人生。拥有一份你享受其中且热爱的工作，在充满爱的氛围中生活，人生旅途中充满各种乐趣，健康并且长寿——这可能是所有人都想要的，但如何去实现这些梦想，每个人的想法则各不相同。

反思你的工作观

现在，请就你的工作观简略地写下一段反思。我们不是让你写一篇论文，也不会给你打分，但我们希望你认真地写下来。你不要只是在大脑中想一下，你可以花上30分钟的时间，认真记录下你的想法，250字即可。

工作观应该解决的关键问题是"工作是什么"以及"工作对你来说意味着什么"。你不仅要列举你想从工作中得到什么，还要阐述你对工作的整体看法。你的工作观记录的是你心目中对"好工作"的定义。一份有关工作观的概述可以解决如下问题：

- 为什么工作？
- 工作为了什么？

- 工作意味着什么？
- 工作与个人、他人以及社会有什么关联？
- 好工作或者所谓有价值的工作，是什么？
- 工作和金钱有什么关系？
- 一个人的经历、成长、成就感和工作有什么关系？

多年来，我们帮助很多人做过这个练习。在练习中，我们注意到，对绝大多数的人来讲，"工作观"是一个全新的概念。同时，在做这个练习时，如果人们感到为难，那很可能是因为他们只写下了在找工作或者应聘时的"工作描述"。关于这个练习，我们对你想要做什么工作并不感兴趣，我们感兴趣的是你为什么想要工作。

我们关注的是你对工作的想法——工作为了什么，以及工作意味着什么。从根本上来讲，这将成为你的工作宣言。在使用"工作"这个术语时，我们是从广义上去定义的——工作不仅是指我们为了赚钱所做的事情。对大多数人来讲，工作是人生中最大的一个组成部分，它占据了我们大部分的注意力和精力。因此，我们建议你多花些时间思考工作和职业对你来说意味着什么。

　　工作观涉及的内容十分广泛，不仅包括做什么，还包括如何整合不同的问题，例如服务他人和社会，工资和生活水平，成长、学习、技能和天赋——所有这些都是工作观包含的内容。你当然可以处理你自认为重要的事情，没有必要服务他人，也不需要关心社会问题。但是，积极心理学家马丁·塞利格曼发现，如果人们在自己的工作和对他们有意义的社会事务之间建立联系，他们就会获得更多的满足感，面对压力时也能更好地适应，工作中也更容易有同理心。很多人都说，他们希望找到满意的、有意义的工作，因此我们鼓励你也去研究上述问题，并写出你的工作观。没有工作观，你就无法创建自己的指南针。

反思你的人生观

　　现在，请记录下你对生活的看法。同样，篇幅在250字左右，时间不要超过30分钟。下面是人生观中需要解决的问题，你可以由此开始。关键在于，任何重要的、具有决定性的价值观和想法都可以为你理解生活提供依据，你的人生观就是在为你确定所谓的人生最重要的事。

- 我为什么在这里？
- 生活的意义或者目的是什么？
- 个人和他人之间有什么关系？
- 家庭、国家和周围世界的融合点在哪里？
- 什么是善？什么是恶？
- 是否存在更高级的力量？比如上帝或者其他超自然的事物？如果存在，这将对你的生活产生什么影响？
- 在生活中，快乐、悲伤、公平、不公平、爱、和平以及冲突的作用是什么？

从某种程度上来讲，这些问题更像是哲学问题。我们刚刚提到了"上帝"一词，一些读者认为"上帝"并不重要，另一些读者可能会要求我们优先解决这个问题，因为这对他们来说最重要。现在，你可能已经清楚，人生设计没有价值倾向性，它是中立的，我们不会偏向任何一方。这些问题，包括上帝或者宗教，都是为了激发你进行思考的，至于要回答哪些问题，则完全取决于你。这里没有错误答案，因此也不存在错误的人生观。另外，请像设计师一样充满好奇心，请像设计师一样进行思考。解答对你有用的问题，看看你会发现什么。

写下你的答案。

预备！开始！

不要偏离正确的航线

再次阅读你自己的工作观和人生观，就下面的问题记录下你的看法（请尽量回答所有问题）：

- 你关于生活和工作的看法中，是否存在互补的地方？
- 你的这两种看法存在哪些冲突？
- 一方会对另一方有促进作用吗？是如何实现的？

请花时间记录下你两种观点中一致的地方。我们的学生说，在这个过程中，他们经常会产生极大的"顿悟"，因此，请认真做这个练习,认真思考二者相一致的地方。在绝大多数情况下,你需要对人生观或工作观重新进行编辑。当工作观和人生观达到和谐一致后,你就会有一个更清醒的认识,从此拥有和谐的、有意义的生活,在"你是谁""你信仰什么""你在做什么"三个方面保持一致性。当你得到了一个精准的指南针,你就永远不会偏离正确的航线了。

现在,你已经拥有了清楚完整的人生观和工作观,它们可以帮助你创建指南针,帮助你找到"正北"方向,它们会在你偏离航线时提醒你。以"正北"方向为参照,你可以随时找到自己的位置。很少有人会一辈子一帆风顺,和航海一样,人生不可能是一条直行的航线,你需要根据风向和实际情况不断调整自己的航向。有时,为了躲避狂风大浪,你可能需要靠岸,根据需要做出调整;有时,暴风雨来袭,你可能会彻底迷失航向,甚至沉船。这时,你需要对自己的人生观和工作观进行再次调整,重新定向。因此,当你感到茫然无措或正经历人生重大转折时,你就应及时校正你的指南针。我们至少会一年校正一次。

更换轮胎。

更换烟雾报警器内的电池。

检查你的工作观和人生观,确保二者保持一致。

任何时候,当你改变现状、追求新目标,或者对自己的工作感到困惑时,你就停下来。在重新开始前,你有必要检查一下自己的指南针,为自己定位。现在,是时候找到属于你自己的路了。

因为,这是一个要求。

思维误区:我应该知道前进的目标。

重新定义:我不可能一直知道自己前进的目标,但是我清楚自己的方向是否正确。

小练习　　工作观和人生观

1. 写一小段工作观反思,大约需要 30 分钟,250 字左右,不要超过一页纸。

2. 写一小段人生观反思,大约需要 30 分钟,250 字左右,不要超过一页纸。

3. 多读几遍你的工作观和人生观,然后回答下面的问题:
- 你的工作观和人生观之间是否存在互补的地方?
- 这两种观念存在哪些冲突?
- 这两种观念的一方对另一方有促进作用吗?如果有,是怎样促进的?

第 3 章
寻路

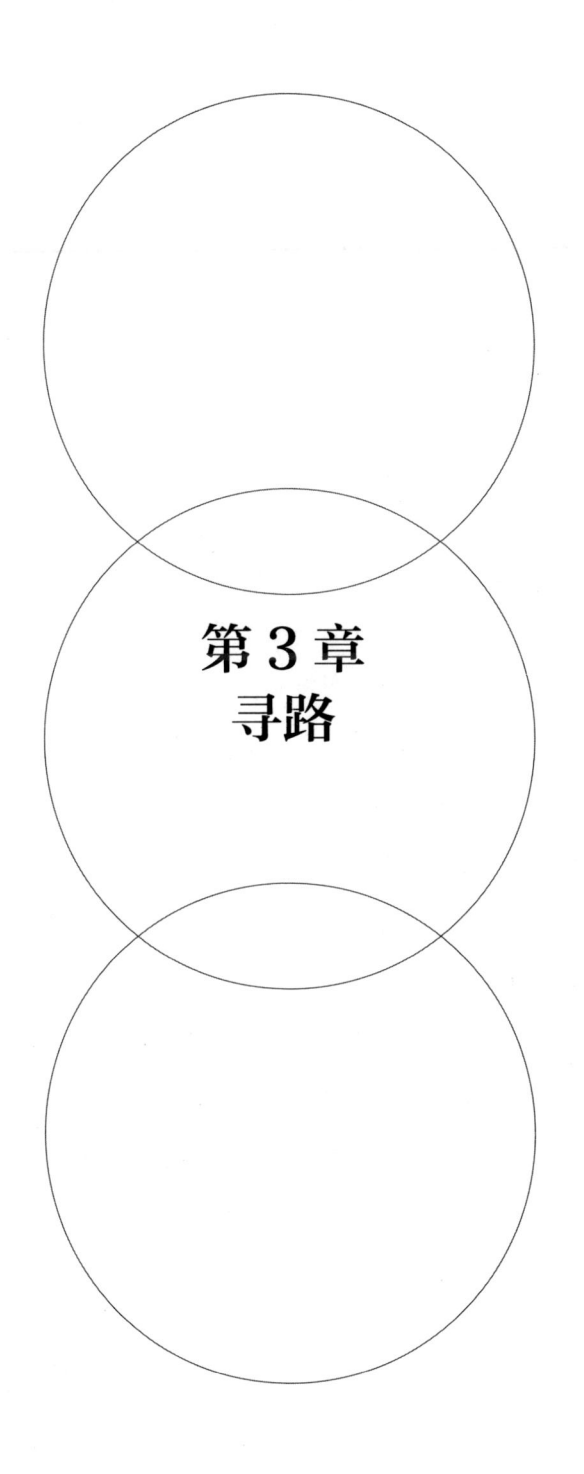

迈克尔过去一直过得很幸福。他出生在美国加利福尼亚州中部的一座大学城里，少年时的他无忧无虑，热爱运动，经常和朋友一起出去玩。他从未思考或者计划过未来，似乎一切都很美好。但他的母亲为他制订了很多计划——她希望迈克尔上大学，并且为他选好了大学，甚至连专业也为他选好了。于是，迈克尔去了圣路易斯-奥比斯波的加州州立理工大学学习土木工程专业。迈克尔自己并没有成为一名土木工程师的理想，他只是听从了母亲的建议。

迈克尔专业课学得不错，从大学顺利毕业后，他和斯凯拉相爱了。斯凯拉大学毕业后去了荷兰阿姆斯特丹的一家公司做咨询工作。于是，迈克尔也来到了阿姆斯特丹，并找到一份非常不错的土木工程方面的工作。这一次，迈克尔又跟随女友的计划，开始了自己的新生活。直到这时，迈克尔也从来没有停下来思考一下他自己想做什么，或者他想成为什么样的人。他也从来没有清楚地表达过自己的人生观或工作观，他总是让其他人为他导航，决定他的人生方向。至此，一切都还算顺利。

后来，迈克尔和斯凯拉（现在已经是他的妻子了）从阿姆斯特丹返回加利福尼亚州——因为斯凯拉在加利福尼亚州找到了一份自己热爱的好工作，迈克尔也在附近的一家土木工程公司找到了一份工作。这时，问题出现了——迈克尔依然从事着颇具社会声望的土木工作，但他却觉得很无聊，焦躁不安，甚至很痛苦。第一次感受到这种痛苦时，他非常迷惘，不知道自己该何去何从，也不知道该做些什么。在迈克尔的人生中，跟着别人的脚步而做出的计划第一次失效了，他找不到方向，完全不知道该怎么办。

> 思维误区：工作不应该有乐趣，因此它才被称为"工作"。
> 重新定义：乐趣会指引你找到适合你的工作。

很多人给迈克尔提了建议，一些朋友建议他创办自己的土木工程公司，他们认为迈克尔的烦恼来自为别人打工。迈克尔的岳父说："你非常聪明，不仅是一个工程师，而且精通数学，所以你应该进入金融行业，成为一个股票经纪人。"迈克尔考虑了所有人的建议，并打算辞职，重返校园学习金融，或者去商学院学习。但是，坦白来讲，他并不知道自己的问题出在哪里——他是一个优秀的土木工程师吗？土木工程方面的工作不适合他？他应该继续忍受这份工作吗？毕竟，这只是一份工作，是不是？

错误！

找到你的路

当你不清楚自己的位置，并想找到目的地时，寻路是常用的方法。寻路时，你需要指南针和明确的方向——不是一张地图，而是方向。刘易斯和克拉克是美国 18 世纪著名的探险家。当时，美国通过《路易斯安那购地案》获得了大片土地，于是托马斯·杰弗逊总统派遣刘易斯和克拉克去探索这片土地——

他们深入美国西部，直到太平洋沿岸。在通向太平洋的途中，他们依靠的不是一张地图，而是绘制的大量路线图（准确来讲，是 140 张地图）。在人生中寻路也是一样，因为人生没有一个必须到达的目的地，你无法用 GPS 定位，然后规划路线，径直到达。你所能做的就是关注眼前出现的线索，尽最大的努力利用现有工具奋力前进。在我们看来，寻路时首先出现的线索就是投入和能量。

并不是土木工程专业本身让迈克尔失望，他只是产生了困惑，并感到他的生活出现了问题。迈克尔已经 34 岁了，但他不知道自己到底喜欢什么。当他向我们寻求帮助的时候，他的生活和工作一团糟，他甚至找不到确切的理由。我们让他在每天工作结束后做一个简单的记录，坚持几周。在某一天中，迈克尔记录了自己工作时感到烦躁、心神不安以及沮丧的时刻，并记录了在那段时间（无法投入工作的时候）正在做的事情；同时，迈克尔也记录了工作中让自己感到兴奋、注意力集中、过得愉快的时刻，以及当时（全身心投入时）正在做的事情。我们将这种方法称为"美好时光日志"。

我们为什么让迈克尔做这个日志？（是的，我们也将请你进行记录。）因为我们想让他了解自己什么时候是快乐的。当你明白什么活动会让你全身心投入时，你就会知道如何设计人生了。记住，设计师都注重行动——你应注重做什么事，而不是空想。行动中，记录下你全身心投入、精力充沛的时刻和分心、无法集中精力的时刻，这有助于你提高专注力，并且发现是什么在发挥作用。

拥有更多心流体验

"心流"体验是指全身心投入的一种心理状态，心流产生的同时伴有兴奋感。当你在某项活动中处于心流状态时，你会感到时间仿佛静止了，你会全身心投入其中，这项活动的难度与你的技能相适应——你既不会感到无聊，也不会因为困难而感到紧张。"心流"是由心理学家米哈里·契克森米哈赖定义的，自20世纪70年代起，他就开始研究这种现象。在研究了数千人日常生活中的活动细节后，他区分出了这种特殊的高强度投入状态，并首次描述出"心流"体验。

进入心流状态的人通常会有如下特征：

- 完全投入。
- 会有极度兴奋或狂喜的感觉。
- 内心清明——知道做什么，以及如何做。
- 表现出出奇的镇定冷静。
- 感觉时间似乎静止了，或者觉得时间倏忽而逝。

一个人不管是从事体力活动还是脑力活动，或者体力和脑力相结合的活动，都有可能进入心流状态。例如，在准备教案或是扬帆远航的时候，戴夫都会进入心流状态。比尔承认自己迷恋心流状态带来的快感，他在给学生建议、用草图记录自己的想法，或者用他最喜欢的刀切洋葱时，都会进入心流状态。人生中有很多体验"只可意会不可言传"，心流体验就是其中一种，你只能自己去识别它。作为全身心投入的终极状态，心流体验在你的人生设计中占据了一个非常特殊的位置，用心观察"美好时光日志"中记录的心流体验，这对你非常重要。

心流状态就是成年人的娱乐活动。在人生设计的仪表盘上，我们对自己的健康、工作、娱乐和爱进行了评估。一些人发现，在繁忙的现代生活中，他们投入最少的是"娱乐"。你可能会认为自己肩负太多的责任，没有时间娱乐。进入心流状态，是成年人娱乐的秘诀所在，一份真正有益的、令人满意的工作可以让你经常进入心流状态。娱乐的本质就是让你完全沉浸其中，享受正在做的事情，不会总是分心，担心结果。当你进入心流状态时，你必然会心无杂念、全身心投入正在做的事情，感觉不到时间的流逝。从这一点来看，你应该努力让心流体验经常出现在你的工作中（生活中、锻炼中和爱中……），你肯定明白我的意思了。

关注你的能量水平

寻路过程中的第二个线索是能量。和其他生物一样，人类需要能量才能够生存和发展。远古时期，不管是男人还是女人，他们每天绝大部分的能量都消耗在了体力劳动上——人们要打猎、采集食物、抚养孩子、种植庄稼，绝大部分时间都花费在了高耗能的体力劳动上。

现在，我们大都靠脑力吃饭，所以大脑肩负着重任。大脑是一个非常渴望能量的器官，每个人每天大约会消耗 2 000 卡路里的热量，其中有 500 卡路里的热量供给了大脑。这个数字非常惊人：大脑只占据了我们身体总重量的 2%，但其消耗的能量却占我们每天消耗的总能量的 25%。这也是精力是否充沛会严重影响专注力的原因。

我们整天都在从事各种体力和脑力活动，一些活动会维持能量，一些活动则会消耗能量。你可以在"美好时光日志"中记录下那些能量流。一旦你能很好地把握每周能量流的去向，你就能够重新设计你的活动，让自己充满活力。记住，人生设计是尽量从你当前的生活中汲取更多，而不单单是重新设计一种全新的生活。大部分人生设计都是为了改进、完善你现在的生活，而不是要求你做出重大的结构性的改变，如换工作、搬家或者重返校园读书等。

你可能会问："记录能量流动和追踪投入情况是否不同？"这两方面有相似的地方，也有不同。高度投入和充沛的精力通常是一致的，但并不是必需的。戴夫的一个同事也是土木工程师，他聪明、思维敏捷，并且擅长辩论，所以经常有人请他帮忙进行辩论。但是参与那样的辩论经常让他精疲力竭——即使他"获胜"了。其实他并不是一个爱争论的人，每次辩论结束，他都感觉很糟糕。能量的独特之处还在于它会带来消极影响——有些活动实际上会抽干我们的生命能量，让我们精疲力竭，无力去完成下一件事。无聊是一个巨大的能量消耗源，但相对于切断能量来讲，无聊所造成的能量消耗更容易恢复，因此一定要特别注意你的能量水平，这一点很重要。

享受工作的乐趣

迈克尔开始记录"美好时光日志"，时刻关注自己什么时候特别投入、什么时候产生心流体验、什么时候精力充沛，充满能量。之后他意识到，当他处理困难复杂的工程问题时，他充满了活力，也非常投入。但是，他不善于应付复杂的人际关系，不喜欢与他人交流，也厌烦处理其他行政工作，或者和复杂的工程问题无关的事务。每当处理这些事务时，他就会特别烦恼，痛苦不堪。

迈克尔第一次密切关注了对自己真正有利的事情，他搞清了自己在工作中精力充沛或精神萎靡的原因，他明白自己其实非常喜欢土木工程的工作，只是讨厌行政事务、写计划书以及费用谈判。通过精心的人生设计，他已找到了一种工作方法，让他可以尽情做自己喜欢的事情，尽量少接触他不擅长的事情。迈克尔没有去商学院（去商学院上学很可能是一场灾难，而且花费巨大），他决定在土木工程专业上深造，于是他参加了一个博士课程，并且已经是高级土木工程师和结构工程师了。他现在把大部分时间都花在了处理棘手的工程问题上，多数时间都是单独工作，这样的工作模式让他感受到了真正的快乐。有时，他下班回家后依然很有活力，甚至比之前上班时还要精力充沛。这种工作方法非常适合他。

在寻路的过程中，另一个关键因素是跟随快乐前行，做能够吸引你、让你兴奋的事情，做能够激发你的活力的事情。经常有人告诉我们，工作从来都不轻松，我们必须忍受它。没错，任何工作和事业都存在困难，也都有让人厌烦的时候；但是，如果你的工作在绝大多数时候都不能激发你的活力，那么这说明它正在一点点"杀死"你。毕竟，工作是需要你花费大量时间去做的事情。据统计，一个人一生中要花费 9 万~12.5 万个小时在工作上。如果你感到工作无聊透顶，那么你的生活也将是一团糟。

那么，是什么让工作充满乐趣？不是经常性的公司聚会、不是很高的薪水，更不是一连几周的带薪假期。只有当你在工作中真正发挥了自己的优势，全身心地投入其中时，你才能从工作中感受到乐趣。

到了这个阶段，经常有人问我们："在工作中，如何实现目标、完成任务呢？"人生中除了全身心投入工作并保持精力充沛之外，我还想做其他对我来说重要的、紧急的事情。

我们完全同意。正如我们建议的，你一定要认真评估自己的工作是否和你的人生观和优先事项保持一致——看看你的工作、你的自我认知以及你的信仰是否一致。你在生活中不能只关注投入和能量水平，注重投入和能量水平能够为你的寻路之旅提供重要线索，但人生设计包括一系列的想法和技巧，这些想法和技巧可以共同发挥作用。我们将向你们提供很多建议，但是最后要由你自己来决定采纳哪条建议，以及如何组织你的人生设计项目。首先，让我们从"美好时光日志"练习开始。

记录"美好时光日志"

请你也做一下"美好时光日志"练习，如何做由你自己来决定——你可以选择写在一本精装笔记本上；也可以用活页纸记录，然后收集在活页夹中；当然你也可以选择在电脑上做（我们强烈建议你手写，这样你还可以画一些简图）。怎么做不重要，关键是要付诸行动，经常做一些记录。不管你喜欢什么形式，也不管你经常使用什么形式，这都没有问题。

"美好时光日志"中要包含两个元素：

- 活动记录（记录能让你全身心投入并感到能量充沛的活动）
- 反思（哪些活动让你有收获？收获是什么？）

活动记录只需要列举关键活动，以及在这些活动中有关投入和精力的情况。我们希望你每天都能够填写活动记录，一定要注意采集快乐的信息。如果隔几天记录一次也没有问题，但一周最好不要少于两次。如果你使用的是活页夹，在本章结束的时候，你可以用这些活页纸做一个记录表，并对你在活动中的投入和能量情况稍作评论（也可以登录www.designingyour.life下载记录表）。你可以通过简图画出你对活动的评论。通过这些书面记录，你可以了解很多信息。

我们总会被各种各样的工作或活动所激励。你的任务就是找出能够激励你的活动，并且尽可能地具体一些。没错，通常当我们在完成一天的工作后，我们会说"今天不错"，或者"糟透了"，但是我们几乎从不注意具体是哪件事让我们感觉不错、哪件事让我们感觉糟糕。一天当中，你有时感觉很棒，有时又感觉很糟，更多时候处于两者之间，不好不坏。你的任务是深入了解你一天中发生的每一个具体事件，捕捉一天中的快乐时光。

"美好时光日志"的第二个元素是反思。仔细查看你的活动日志，注意事项的发展趋向，从中得到的深刻见解和惊喜——任何事都可能是一条线索，让你清楚哪些事对你有益，哪些事无益。你可以对"活动日志"一周反思三次，或者在任何你对各种活动有了一定理解的时候反思。对于"美好时光日志"，我们建议你一周反思一次，这样你的反思就不会只局限于对某项活动的单一体验了。

此外，在"美好时光日志"中的空白页中记录下你每周的反思。

下面我们从比尔最近的"美好时光日志"中选取了一页，供大家参考。

比尔的反思包括如下观察。

他发现，当他上绘画课或者办公时，他一定会有心流体验；而教学和"约会之夜"活动不会让他消耗多少能量，反而会让他充满活力。如果这些活动翻倍，必能让他的精力更充沛。每周一次的员工会议中，有时大家的谈话很有趣，有时则比较无聊，因此，在能量图表中他画了两个箭头。如果某天召开了预算会议，那么他就会感到特别疲惫，因为他从来都不喜欢财务方面的工作（虽然他知道财务工作很关键）。

比尔对自己的日程进行了一些调整，减少了无法投入的活动，增加了对他来说更有吸引力的活动，并且当完成带给自己"负能量"的活动时，他会给自己一些小奖励。处理这些带来"负能量"的活动时，最好的方法是确保自己能充分休息，有足够的能量储备，否则，你可能需要返工重做，那样所消耗的能量将远远超出预期。

比尔很吃惊地发现，每周指导研究生（他很喜欢这些学生，在他们身上花费了很多时间）是极其消耗能量的一件事。在进行了一段时间的记录后，他发现了两个问题：（1）他在研究生办公室对学生进行指导时，周围环境非常嘈杂；（2）他对学生的指导并没有什么效果。了解这两点之后，他首先调换了上课的教室，然后改变了对研究生的指导方式——以前他都是一对一指导，现在开始分小组进行指导，这样学生在接受指导的过程中也可以互相帮助。这些改变很快就取得了成效，几周后，他在授课中就进入了心流状态。不过，预算会议仍然让他精疲力竭，但这只占据了他工作的一小部分。全新的授课方式让他充满了活力，因此令人讨厌的预算会议也可以忍受。

比尔利用"美好时光日志"从根本上改善了他目前的人生设计，迈克尔在寻找职业规划方法时也做了这个练习。他们两人目标不同，得到的结果也不同，但两人使用了同样的技巧——他们都特别关注能够让自己全身心投入并且充满活力的活动细节。

两周之后，在"美好时光日志"中，你已经记录了很多事情，然后你会注意到一些有趣的事情。现在，你可以拉近镜头、关注细节。通常，当你开始对日常生活投入更多关注时，你就会注意到日志中有些事情被记录得特别详细。哪些活动对你有益、哪些活动无用，你了解得越清楚，就越容易为自己确定前进的方向。例如，你记录了这样的内容："员工会议——今天非常享受，仅此一次。"当你回看这条记录后，你可以更为精确地再次记录一下："员工会议——感觉非常棒！因为在我重新解释了乔恩的话后，大家都表示赞同。"这种方式更精确，而且有助于你了解具体是哪个活动或行为吸引了你。同时，这样做也有助于你提高自我意识。如果你的日志中包含了活动的细节，你的反思也会更深刻。当你在日志中记录下你对员工会议的看法时，你可能会问自己："我对此次会议更加投入，是通过技巧性地复述了乔恩的评论（恰到好处地清晰阐述了细节），还是通过促进员工之间达成共识（是我让整个团队出现了'现在我们都理解了'的一致时刻）实现的？"如果你最终认定"清晰阐述"是你在员工会议中的"关键点"，那么你就知道自己应该更多地注重内容创作，而不是促进团队合作。尽最大可能找到对你有用的、类似的观察和反思，这样就可以了——你肯定不想没完没了地研究日志。

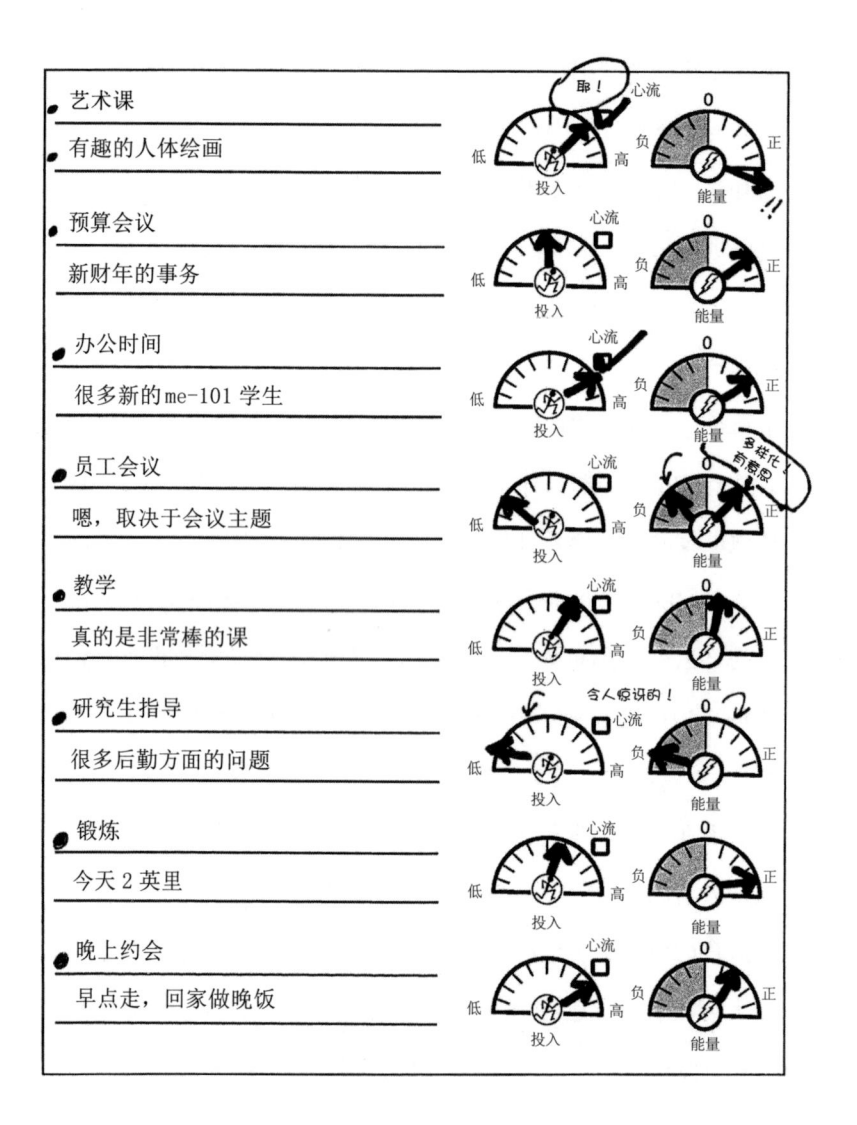

| 艺术课 | 心流 耶! 0 |
| 有趣的人体绘画 | 低 投入 高 / 负 能量 正 !! |

- 艺术课
  - 有趣的人体绘画
- 预算会议
  - 新财年的事务
- 办公时间
  - 很多新的 me-101 学生
- 员工会议
  - 嗯，取决于会议主题 （多样化，有意思）
- 教学
  - 真的是非常棒的课
- 研究生指导
  - 很多后勤方面的问题 （令人疲惫的！）
- 锻炼
  - 今天 2 英里
- 晚上约会
  - 早点走，回家做晚饭

AEIOU 法的妙用

从"美好时光日志"的反思中得出深刻的见解并不是一件容易的事情，因此我们为大家提供 AEIOU 法，这个方法源于好奇心思维，设计师经常用它来进行详细精准的观察。这就是 AEIOU 法。AEIOU 法共包括 5 套问题。在你对日志进行反思时，可以利用这 5 套问题。

活动：你到底在做什么？这是一个结构性的活动，还是非结构性的活动？你是团队的领导者，还是会议的参与者？

环境：我们所处的环境会对我们的精神状态产生重大影响。在足球场和在教堂里，你的感觉也不同。当你参加某项活动时，注意自己所处的环境。那是什么样的环境？它带给你什么感觉？

互动：你和人或者机器有怎样的互动？这种互动对你来说是陌生的还是熟悉的？是正式的还是非正式的？

物体：你在和物体或者设备进行互动吗？是苹果平板电脑、智能手机、曲棍球球棍，还是帆船？这些事物能带给你投入感吗？

用户：活动中还有其他人吗？他们扮演了什么角色？他们为活动带来了正面影响还是负面影响？

利用AEIOU法有助于你拉近镜头，放大细节，发现具体有哪些活动对你有益，哪些活动无益。下面我们来看两个例子。

莉迪娅是一个合同文员，她的工作是帮助专家记录程序。她得出了一个结论，她讨厌接触人——因为每次会议后她都感觉糟透了；但如果一整天她都在写东西，那么她就会非常舒心。当她在做"美好时光日志"练习时，她想知道如何不再参加任何会议还可以谋生，于是她使用了AEIOU法。当她把活动放大，关注细节时，她发现自己实际上喜欢人少的活动——当她只和一两个人见面，努力写作或者就某个新项目的想法（活动）进行头脑风暴时，她都不会厌烦。但是，她讨厌制订计划、确认行程以及制定商业策略的会议，会议参与者如果超过6个人也会让她难受，她无法记录太多不同的观点。她意识到自己工作时是一个极其专注的人，其他人（用户）可能会让她更专注，也可能让她崩溃，这取决于合作的形式（互动）。

巴斯拉喜欢在大学里工作。她做什么并不重要——只要是在大学校园（环境）里做，她就感到非常幸福。因此她在自己攻读研究生学位的大学里找了一份工作。五六年里，她做了很多工作，包括筹集资金、迎接新生等，并且非常快乐。但渐渐地，这种幸福感开始减退，她发现自己对高等教育不感兴趣了，这让她很紧张。她做了"美好时光日志"练习后意识到，她仍然非常热爱大学，但是选错了工作。当她步入30岁，单纯的环境因素（大学）已经不够了，角色定位变得更为重要了。她当时已经升职，从学生工作转到了法律事务上，并且经常和行政人员、律师一起参加各种会议，处理文案工作。在她弄清自己兴趣减退的原因后，便找了一份办公室的工作，虽然比前一份工作稍微差一些，但她又可以进行更多有建设性的互动交流了，而且这里的文案工作也相对较少。

在对"美好时光日志"内的活动进行反思时，如果想从你的观察中获得更多信息，你可以试试AEIOU法。不管出现什么你都可以记录下来，不要进行自我评判，这一点很重要，因为你的体验没有对错之分。需要注意的是，这类信息在设计人生时将会为你带来难以估量的好处。

回顾你的高峰体验

你过去的经历中也存在很多洞见，等待着你去挖掘——尤其是你的"巅峰时刻"，即高峰体验。你过去的高峰体验（即使是很早以前的体验）会让你受益匪浅。你可以花些时间回忆一下过去和工作相关的高峰体验，并记录在"美好时光日志"的活动日志中，对这些活动认真思考一下，看看会发现什么。那些记忆能够让你有所触动，必然有其原因。你可以把那些高峰体验列一个表，也可以通过记叙或者讲故事的方式记录下来。记录这些美好的时刻是一件令人享受的事。例如，你参加了团队组织的"终极销售会议"，并参与制订计划；或者你撰写的程序手册一直作为范本被发放给新的撰写员。关于你的高峰体验，最好以叙事的形式记录下来，这样更有助于你从这些故事中发现真正能让你投入其中、充满活力的活动，以及对今天的工作有益的见解。

当你现在所处的环境（如失业）不足以让你成功地制作一份"美好时光日志"时，过去的高峰体验就显得尤为重要了。如果你刚走上职场，还没有太多的经历，那么过去的高峰体验也非常有用。在这种情况下，思考一下其他你曾经历的、让你感到生活美好的活动（甚至是几十年前的事情也没关系）。一份记载过去的"美好时光日志"会让你获益良多，内容可以包括学校生活、暑期课程、志愿活动等——任何曾让你全身心投入的事情都可以记录下来。在回顾自己过去的体验时，一定要谨防修正主义倾向，不要过度夸大美好时光，也不要对困难时期过于严苛，尽量客观、诚实地记录。

这个新发现有助于你明白下一步要怎么走。你正从一个意识水平上升到另一个意识水平，并开始真正探索自己（不是你的父母，老板或者爱人）对事物的见解和看法了。你已经踏上前进的旅途——从你现在的位置走向自己的目的地。带着你的指南针和从"美好时光日志"中得来的见解，在寻路的过程中，你一定会表现得十分出色。

迈克尔找到了他的路。

刘易斯和克拉克也找到了各自前进的路。

你也可以找到自己的路。

接下来就需要尽可能多地想出一些选项,这样就可以进行更多的实验,创造更多的原型。

若要完成上述内容,我们需要制作一个思维导图。

小练习　　美好时光日志

1. 制作一份活动日志,你可以使用活页纸,也可以使用笔记本。注意,着重记录你何时感到投入或者充满活力,以及在那些时间段你都在做什么。最好每天都记录一份,也可以隔几天记录一份,时间间隔要尽可能短。
2. 连续记录三周。
3. 在每个周末记录下你的感想。注意,一定记录清楚哪个活动吸引了你、让你感兴趣,哪个活动让你感到无聊。

4. 在你的反思中，有什么意外的事情吗？

5. 尽量把活动记录得详细一些，包括哪个活动吸引了你，让你充满活力？哪些活动不能吸引你？记录下具体细节。

6. 在反思时，如果有需要，你可以使用 AEIOU 法。

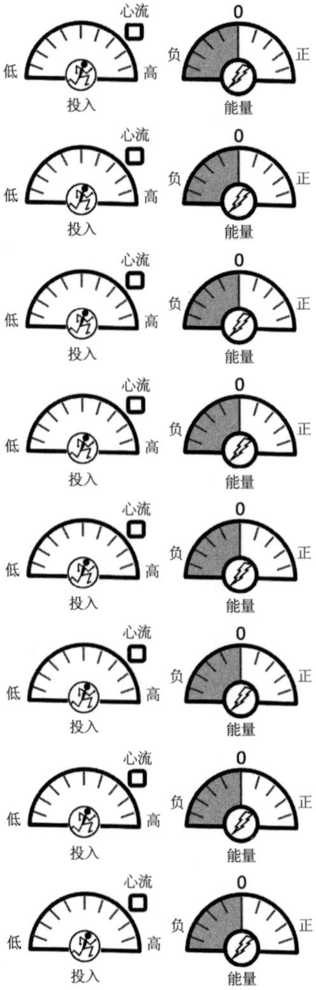

心流
低
高
投入
0
负
正
能量
心流
低
高
投入
0
负
正
能量
心流
低
高
投入
0
负
正
能量
心流
低
高
投入
0
负
正
能量
心流
低
高
投入
0
负
正
能量
心流
低
高
投入
0
负
正
能量
心流
低
高
投入
0
负
正
能量
心流
低
高
投入
0
负
正
能量

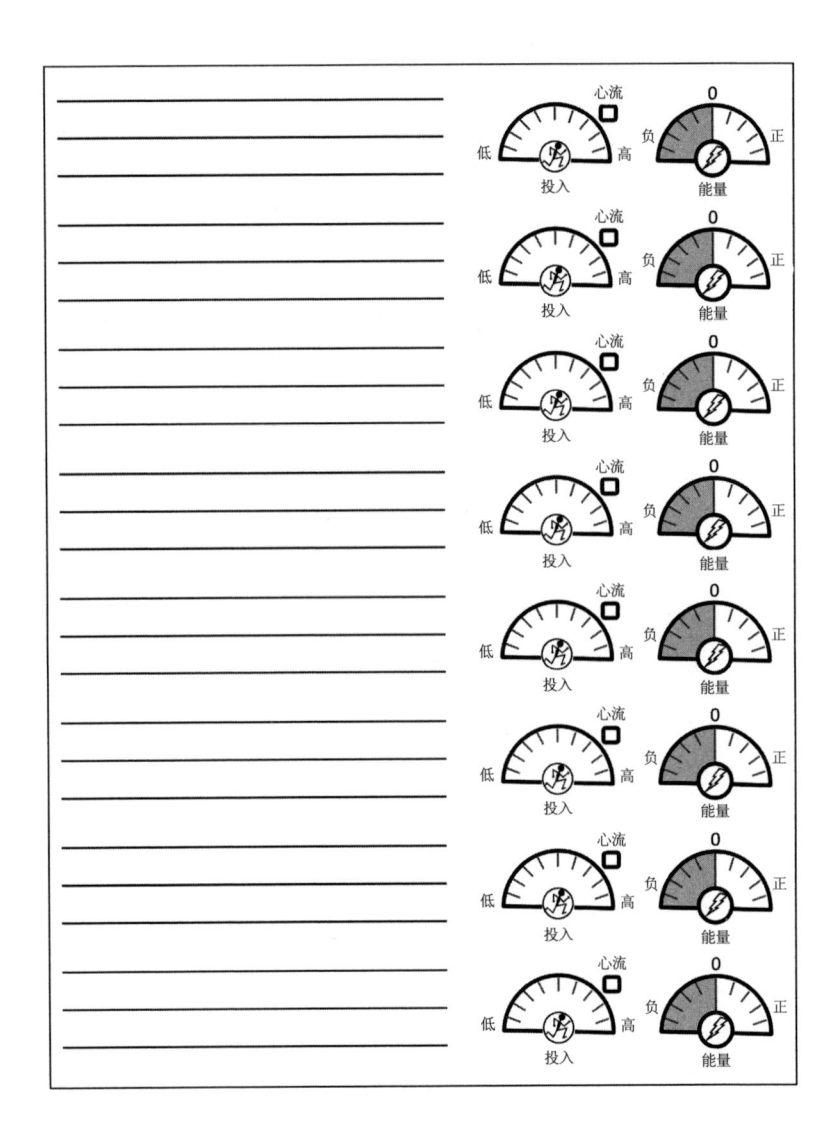

第 4 章
摆脱困境

格兰特陷入了困境。他在一家大型汽车租赁公司工作，在完成了自己的"美好时光日志"后，他意识到，他大部分时间都浪费在了既不能让他投入，也不能激发他的活力的活动上——他不喜欢与爱抱怨的客户打交道，他不喜欢处理没完没了的标准合同，他也不喜欢每天都重复相同的合同内容。他不愿意诱导客户进一步消费，而且，他感觉不到自己的重要性。他不想让自己成为一个大型企业里的小人物，他想成为有影响力的人，他希望自己所做的事情更加有意义。

格兰特回忆不起来自己在工作中是否有过心流体验，工作对他来说，沉闷而痛苦。他每天都盯着时钟、盼着下班，每周就是等着发工资。上班时他感觉时间很长；周末时，又觉得没怎么过就结束了；唯一让他开心的事情就是在红杉林里远足、和朋友一起打篮球，或者帮助他的侄子复习功课。

但这些事都不能让他拿到工资，帮他支付账单。

现在，格兰特即将升任店长，他比以前更加困惑了。他从来都没想过在汽车租赁公司工作，但不管他怎么绞尽脑汁地思考，他都想不出来自己还能干什么，他甚至不知道从哪里开始着手。他曾经想当一个摇滚明星，或者大联盟的棒球选手，但是他不会唱歌，也没玩过任何乐器，而且12岁时他就离开了少年棒球联合会。在重新设计自己的人生时，格兰特不想在汽车租赁公司工作了，但他又觉得自己别无选择。"有些人就是这么不幸，"他认为，"一些人注定无法实现自己的价值。"

> 思维误区：我陷入了困境。
> 重新定义：我从来不会被困住，因为我总是能想出很多点子。

格兰特越发感到挫败，他认为自己只能做现在的工作。他之所以会这样想，是因为他没有像设计师一样思考。设计师知道自己不可能永远坚持最初的想法，他有很多选项可以挑选，他可以挑出一个最好的。很多人都像格兰特一样执迷不悟，顽固地守着最初的想法,并且希望它起作用。

莎伦是一名律师助理,在被解雇前曾就职于波士顿一家著名的律师事务所。现在,她每天花费6个小时在网络上找工作,她这样做已经有一年的时间了。她彻底陷入了绝望,很早以前她就已经自信全无。实际上,做一名律师助理并不是她一开始的打算,律师助理只是她的备选方案。她于2009年毕业于商学院,作为一名工商管理硕士,她的"正确工作"应该是销售主管。但当时,美国经济陷入了低谷,她没有找到这样的工作。和很多人一样,莎伦也认为做"正确的工作"会让她感到幸福,但实际上,毕业时莎伦根本不清楚自己真正想要什么。在找了一年工作后,她觉得自己仍无法选择,这让她很崩溃。当然,莎伦并不是真的没有选择——选择很多,只是她没有第一时间想起来罢了。

> 思维误区:我必须找到一个正确的想法。
> 重新定义:我需要很多想法,这样就可以为我的未来探索出尽可能多的可能性。

莎伦觉得自己只能继续目前的工作，除此之外别无选择。和格兰特一样，她陷入了困境。

很多人找工作时都和莎伦一样：浏览工作招聘列表，寻找他们认为自己能够做的工作。其实，这种方法是最不可取的，也是成功率最低的。这种思维方式不属于设计思维——只做能力范围之内的事不可能带给你长期的满足感。如果你的孩子没有饭吃，如果银行即将没收你的房子，或者你欠了别人一大笔钱，那么任何工作你都得去做。但是，当困境稍有改善，你就可以想办法寻找自己真正想做的工作。不要担心陷入困境，设计师总是处于困境。当你像设计师一样思考时，你就会知道如何构思想象，想出各种选项，为将来提供尽可能多的可能性。

这非常简单。在你思考清楚之前，你不可能知道自己真正想要的东西是什么，所以，你必须提出尽可能多的想法和可能性。

接受问题。

陷入困境。

克服困难，构思、构思、再构思！

打开思路，拒绝自我设限

现在我们请你跳出现实的约束，勇敢地进入一个更为广阔的"我可能想要什么"的世界。是时候拥抱困境了——格兰特陷入了困境，莎伦陷入了困境；每个人在人生的某个时候都有过陷入困境的体验——这就是我们需要进行构思的地方。构思能力，说白了就是想出很多点子的能力，包括异想天开的想法、疯狂的主意。有些人会死揪着最初的想法不放，有些人则一味地追求完美，认为不论他们处于何种境地，都能找到一种方法帮助他们解决问题、摆脱困境。实际上，如果你坚信解决问题的方法只有一种，那么就会导致压力和犹豫不决。

"我只是不确定。"

"我不想搞砸了。"

"我必须搞清楚这件事。"

"如果我有一个更好的（更正确的、更完美的）的想法，那么一切都会迎刃而解。"

这样的例子很多，无须一一列举。我们会告诉你这个令人惊喜的事实：一切都会好起来的。

一定会好起来的。

我们是非常幸运的，因为在现代社会中，我们可以在一定范围内自主做出选择，可以自由流动，可以接受高等教育、享受科技成果，我们的绝大部分时间都用在了做出最佳选择上。总是会有更好的主意和方法出现——甚至是最好的方法。这种思维对于人生设计是非常危险的。事实是，所有人并非只有一种生活方式。当我们问自己的学生："在你的人生中，有多少段时光是有价值的？"结果，他们的回答的平均值是3.4。如果你接受了这个想法——你可以设计多种人生，虽然你最后只能选择一种人生，但这一切将非常有意义。你的生活不会只有一种选择。要想过得既快乐又高效，有很多种活法（不管你现在年龄多大）。通向幸福、高效的路有很多条，每一条都不同，你可以选择其中一种。下面我们将告诉你一些技巧和方法，帮助你打开思路。

数量本身就含有一定质量的考量在内。在人生设计中，想法多多益善，因为想法越多，好的想法也就越多，好的想法多了，更优秀的设计也就多了。拓宽思路有助于提高你的构思能力、开展更多创新思维，找到真正让你充满活力的事情的概率也会随之加大。更多的点子意味着你有更多的见解和看法。

设计师喜欢广泛地思考——他们喜欢明智的见解，也喜欢疯狂的想法，甚至更青睐于后者。为什么？大多数人认为设计师都喜欢标新立异，他们喜欢疯狂的事物，他们时髦、前卫，而且永远戴着墨镜。这也许是真的，但并不是关键。设计师有很多狂野的想法，是因为他们知道创造力最大的敌人是评判。我们的大脑最善于评论、挑毛病，然后迅速做出评判。所以，若想得到更多的想法，你就不要急于做出评判，也不要在内心进行批评。如果你这样做了，那么一些不错的想法就会被无声地屏蔽在"评判"这堵墙之外。如果你允许疯狂的想法出现，你就不应过早地做出评判。你可能不会选择疯狂的想法（事实上很少有人会这么选择），但是，通常在产生了这些疯狂想法后，你才会进入创造性的空间，很多全新的、创新的、有用的机会才会出现。

所以，让我们一起疯狂起来吧！

我们的学生都认为这个过程最令人兴奋、最有吸引力，而且令人快乐。谁不喜欢提出一大堆疯狂且伟大的想法呢？记住，我们的座右铭是"你在这里"，不管你觉得自己的个人创造力达到了什么水平，你都要做好准备，行动起来。任何水平都可以作为你行动的起点，我们的目标是激发你的活力，拓展你的能力。在帮助你设计人生时，我们会和你一起想出无数的解决方法。

作为一名人生设计师，你需要接受下面两种观点：

1. 只有好点子足够多，你才能从中选择出更好的。
2. 对于任何问题，都不要选择第一个解决方案。

你的大脑通常非常懒惰，它喜欢尽快摆脱问题，因此它会先用很多积极元素包围你的思想，让你"迷恋"。不要"恋上"你的第一个想法，它几乎从来不会起作用。通常，我们最初的解决方案都极其普通，没有任何创意。人类往往倾向于明摆着的解决方案。使用构思技巧，有助于克服这种思维模式，帮助你重获创意自信。

你可能觉得自己没有创造力，但你在幼儿园、小学时，唱歌、跳舞和画画似乎都是一种非常自然的自我表达形式——你不会觉得难为情，也不会评判自己的画是否具有艺术性、歌唱得是否专业，或者自己的舞蹈是否会引起他人的关注。在那个时期，你可以自由地创造，表达自己。

你可能还记得，曾经有一位老师对你说"你不是一个艺术家，你不能画画"，或者"你跳舞很滑稽"，还有，"不要再唱了，你糟蹋了这首歌"。如果你曾遭遇这种扼杀创造力的时刻，我们为你感到遗憾。在中学里，也会经常出现这种扼杀创造力的情况——社会规范取代了成年人的指责，我们学会了隐藏自己的不同之处，害怕别人发现自己的与众不同。因此，随着我们的成长，我们的创造力也越来越稀少了。

但是，请相信我们，你的创造力一直都在，我们将帮助你发现它。

制作你的思维导图

第一个构思技巧是思维导图。当你独自进行构思时，这个技巧非常有用，能够帮助你有效地摆脱困境。思维导图很简单，你可以从一个词联想到相关的词汇，以此类推，逐渐打开创意思路，让更多想法随之产生。思维导图采用图解的形式，把你的想法以及与其相关联的想法自动地连接在一起。通过这种方法，你可以想出无数的主意。思维导图采用视觉法，避开了你内在的逻辑／言辞上的审查。

制作思维导图的过程包括三个步骤：

1. 选取一个主题
2. 制作思维导图
3. 制作次级连接，并创造概念（将概念连接起来，建立概念混搭模式）

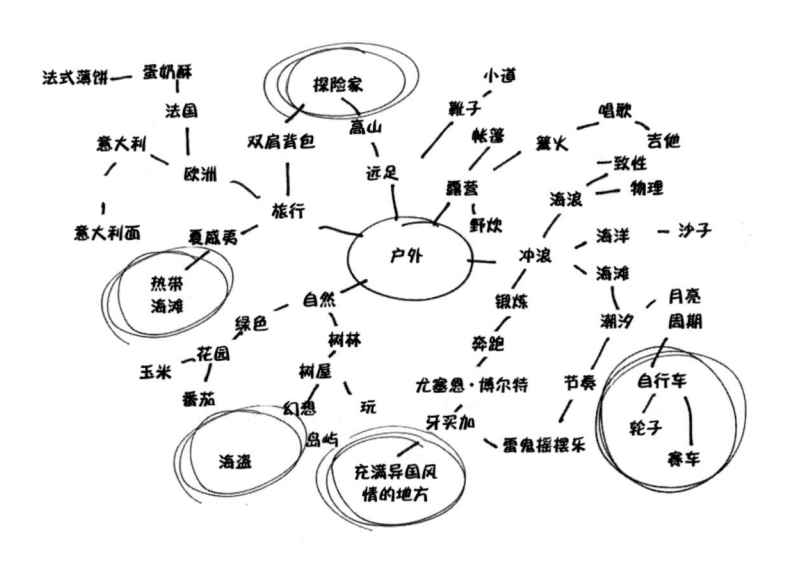

上面这幅图是格兰特的思维导图,这是他不知如何找到一份"完美"工作时制作的思维导图。你可能还记得,当格兰特查看"美好时光日志"时,在他所做的事情中,唯一让他感到快乐的体验就是在他家附近的红杉林里远足。所以,他决定围绕这一点展开思维导图。你可以看到,他把"户外"放在了思维导图的中心位置,并用一个圆圈圈了起来。这就是制作思维导图的第一步——选取一个主题。

思维导图的第二步是"制作"思维导图。写下最初的想法后,你可以围绕这个想法展开联想,写出 5~6 个相关的概念。一定要严格且客观地记录下首先想到的词汇。现在,在第二层重复同样的过程,每个单词周围画 3~4 条线,由每个词再自由联想一些相关的新词。你此时想起来的这些词不一定非要和中心位置的词汇相关联,只要和第二圈的词汇有联系就可以。重复这个过程,直到写到第三层或者第四层。

在格兰特的思维导图中,他记录了旅游、远足、冲浪、露营和大自然,这些都和他的中心词"户外"有直接关联。然后,他又以这些词为基础,将每个词都和创造出全新的词汇关联。远足让格兰特想起了高山,高山让他想到了探险。旅行让他想到了夏威夷、欧洲和背包,而夏威夷让他想到了热带海滩。他从欧洲想到了法国,想到法国就想到了法式薄饼,进而联想到了能多益巧克力酱。冲浪让他想到了海滩,由海滩想到了潮汐,由潮汐想到了摩托车、自行车以及赛车。冲浪同样让他想到了尤塞恩·博尔特,进而想到了牙买加,由牙买加想到的是一些充满异国风情的地方。由此可见,格兰特的创造性思维比他自认为的要厉害得多。

制作思维导图并进行词汇联想,这个过程只需要 3~5 分钟的时间。你可以给自己设定一个时间限制,快速完成,而且不要考虑自己的想法是否合理。然后,在这些任意配对的词汇中,选取几件比较有趣的事情(或是能立刻吸引你的),把它们打乱放到一起,形成几个概念。你可以从思维导图的最外层挑选词汇,因为最外层的词汇与你的意识思维之间至少有两三个词汇的间隔。即使"户外"一词最终让格兰特联想到了赛车和尤塞恩·博尔特,但在格兰特的潜意识中,这些都和他最初的提示词相关。格兰特随意联想到的词汇看起来非常有趣——在这一分支中,包括探险家、热带海滩、海盗、孩子、充满异国风情的地方以及自行车；然后，他把这些独立的词汇混合搭配在一起，产生了几组可能的想法。

他能够在为那些喜爱户外活动的孩子开设的儿童探险宿营地找到一份兼职工作吗？没准这还是一个海滩上的海盗宿营地？要是公司把他安排到靠近海滩的一家门店（他查了一下，发现公司在加州的圣克鲁斯有一个分店，太好了），并给他升职，又将怎样？或者，把他调到某个充满异国风情的地方，如夏威夷，在那里他可以在一家海盗冲浪营地给孩子们做教练。也许，如果他接受了升职，便有足够的钱可以每周只工作4天，这样他就有更多的时间"探索"其他有趣的新想法了。

这就是创新。

格兰特不再感到困扰，实际上，他的好主意很多，远远超过他之前的预期。更重要的是，他的思维发生了转变，他不再想着找到一份"完美的"工作，而是思考如何让自己的工作变得"完美"。事实证明，在一家门店遍布世界各地的跨国汽车租赁公司工作是非常值得的。在制作思维导图的过程中，格兰特意识到他有很多事情要做，同时，做好当前的工作可以为他寻找下一份工作积累经验。

记住,当你进行词汇联想的时候,不要进行自我审查,这一点非常重要。这也是我们建议你快速完成思维导图的原因。你应该快速记录下大脑中最初闪现的词汇。如果你进行自我审查,抑制自己的想法,那么你就是在限制自己的潜力,也就无法得到新的、有创意的想法了。斯坦福大学设计学院创始人戴维·凯利指出,经常有疯狂的想法出现,你才会得到切实可行的好主意。因此,不要对想出一些不切实际的、疯狂的想法感到恐惧,疯狂的想法很可能是创新的起点;同时,你也应该在一张大纸上制作你自己的思维导图。如果你希望有无数的想法诞生,那么就找一张大纸或者一块大白板,写下你的奇思妙想吧!

越大越好。

辨识无法自行消失的"锚问题"

有一类问题不会自行消失,我们把这样的问题称为"锚问题"。这类问题就像真正的锚一样,把你固定在一个地方,让你无法前进。对格兰特和莎伦来讲,把他们限定住的问题是有关事业的问题。如果我们要进行美好人生设计,就要注意是否被一个锚问题绊住了,这是非常重要的。

戴夫发现自己也被一个锚问题缠住了,他的问题是关于他的住所的。你知道,戴夫是那种想拥有自家门店的人,像"工作坊"一样。他的父亲是一位了不起的手艺人,拥有一家非常不错的门店,所以,戴夫也想拥有一家自己的门店。但是,戴夫并不是一个手艺人,他更擅长修理东西,所以他的车间设计图没有必要和他父亲的完全一致。戴夫想精心设计一个前所未有的两用汽车修理铺,内部还有可停车的空间。

请不要评判戴夫的梦想。

他很喜欢这个想法,而且发誓他以后一定要有一家这样的汽车修理铺。后来,他搬到了海滩。迁居中,他发现他以前的贮藏室只有 1/5 的空间可以装东西,他知道自己遇到了一个"锚问题",一个已经存在多年的"锚问题"。

在最初的几年里,戴夫除了将海滩的车库塞满东西,他还不得不另外又租了三个车库放东西。后来，他减少了车库的数量，但是有一堆报废的汽车垃圾他一直没有清理过。如果要想对店铺重新装修布局……好吧，不要问了，戴夫和具有美国特色的汽车垃圾已经共同生活了 5 年多，当然，他也习惯了这一切。其中有 4 年的夏天，他都发誓清理车库，然后进行装修，但是每次都不了了之。在他的大脑中，打造布局几近完美的修车铺的想法已经存在很久，可他现在很担心自己无法实现这个想法。终于，他开始清理，当他搬走最上层的旧自行车零件和录像带时，看着堆积如山的杂物，他感到非常气馁，觉得这些活儿永远也干不完，而且整理时他发现有一辆卡车需要换交流发电机，于是修理师便再次"附身"。后来，在圣诞节的时候，所有的盒子都从阁楼上掉落下来……不能再想了。

戴夫被这个问题困住了，他固执地只愿意接受一个解决方案——一间带有车库和工作间的布局完美的店铺。这是一项极其艰巨的任务，戴夫甚至没有尝试去完成它。每个来海边滑水的人都需要穿过车库的重重障碍，与此同时，停放在户外的汽车在阳光和海风的侵蚀下，车身的漆面正在逐渐褪色。

对戴夫来说，摆脱僵局的唯一方法就是略微换个角度，重新定义他的解决方案和原型。他可以：

1. 重新定义，将该地点作为修理店，同时存放自行车和野营装备。

2. 重新定义，依然保留一个小的生活储物空间，然后以每月 100 美元的价格回购他的车库。

3. 谨慎处理，把整个过程分成若干步骤：(a) 把一些旧书和音乐制品捐赠出去；(b) 只保留 4 辆自行车；(c) 清除满地的盒子；(d) 清除工作台上残留的垃圾。

这样做的目的是为了让戴夫不再纠结，并且重新选择一个方案。如果戴夫仍固执地坚持原先完美的修理铺这个想法，那么他的问题永远也解决不了。

这不是一个重力问题，戴夫之所以会陷入困境，是因为他把自己固定在了一个根本行不通的方案上。

··········*

梅拉妮在一所小型的文科院校教授社会学，社会创新和社会创业的蓬勃发展令她惊叹，那些非营利性组织正在进行变革，它们从新成立的企业和风险投资领域中不断吸取经验教训。她了解到学生们对这种新型的社会影响方法十分感兴趣，便开设了一门课程，并发起了一些社会创新项目。一切都进展得不错，但她希望能够进一步做些工作，为学校带来持久的影响力——她梦想着建立一个全新的社会创新学院。

若想实现这个愿景，她需要筹集 1 500 万美元。于是，她制定了一个策略，想办法推销她的想法。她的学生很喜欢这个主意，行政部门也很赞同，但发展部门却不支持她的想法。

梅拉妮所在的学校长期都处于资金不足、勉强维持的状态。该校的发展部门小心地维护着与几个从该校走出去的主要赞助者的关系。发展部门给梅拉妮写了一份长长的学校主要赞助者名单，包括个人和基金会，她不能向这个名单上的人集资。

这让梅拉妮深深受挫，但她觉得这个梦想值得付出，所以她决定继续努力。在随后的两年里，她不停地联系他人，寻找投资，但事情毫无进展。她签下了几份赞助协议，但数额都太小了。凡是她看中的大赞助商都已经和学校的发展部门建立了联系，赞助了其他项目。梅拉妮的目标成了水中月、镜中花，遥不可及。因为无力拉来大赞助，她对筹足1 500万美元这个目标一筹莫展。

她陷入了困境。其实，解决方案还是有的。

梅拉妮认为自己的问题在于筹足创办社会创新学院的1 500万美元，但这并不是问题的关键所在，这只是她在面对自己的问题时想到的第一个解决方案，这个问题就如锚一样，把她的思维限定在了一个点上，让她无法产生其他想法，最终导致失败。在被无数次拒绝后，梅拉妮非常沮丧，因为忙着筹款，她的教学计划也受到了很大影响，而且同事们也厌倦了她的抱怨，大家都开始躲着她。你看，如果你的解决方案很糟糕，而且你还不知变通，不愿放手，那么随着时间的推移，情况只会变得越来越糟糕。

梅拉妮真正的问题是她希望社会创新为学校带来持久的影响力，而不是筹资建立一个学院。她犯了一个非常典型的错误，即针对一个问题过早下了结论。在我们的帮助下，梅拉妮接受了设计思维，想清楚了真正的问题是什么，还构思了很多创意原型。她意识到，这个筹建学院的主意（需要 1 500 万美元）只是自己某天的突发奇想，她并没考虑过其他替代方案。于是，她在最终确定自己将采取什么行动前，做了很多翔实的调查研究。

她决定设计一个有趣的问题，然后和大家讨论。她开始采访校园领导，并问道："如果把社会创新纳入学校，您怎么看？您觉得我们应该从哪里开始？"她采访了很多人，交流的内容都非常精彩，她也因此得到了很多好点子。人们提出了很多建议，如主题宿舍、春假替代规划、夏季实习计划，以及一门全新的毕业论文设计课程。她发现，无须建立一个新学院，就可以对学校产生持久的影响。诚然，创建一个新学院的确更令人振奋，带来的影响可能也更深远，不过，其他的想法更现实，也获得了更多支持。梅拉妮不再是校园中唯一的倡导者了，她组建了一个团队，成员中既有学生，也包括老师，最后大家一致确定了"社会创新主题宿舍"这个方案。

他们对此进行了原型设计和实验。他们详细研究了目前所有的主题宿舍，看看他们正在做的事情哪些有用、哪些无用。

在这个过程中，他们遇到了一些期待建成新宿舍的学生，于是他们邀请这些学生组成了一个校园俱乐部。两年中，他们对这个项目进行了测试，并把这个想法转化成了一种校园文化，获得了大家的认可。该项目进展得非常顺利，社会创新主题宿舍的项目得到了官方的认可，梅拉妮也成为该项目的指导老师，以及主管大学住宿管理处的副校长。

通过重新定义问题，充分利用自己的好奇心，建立原型，以及适当的深入合作，梅拉妮大大改变了校园文化和大学住宿体系。虽然没有筹建起一个学院，但她依然给这所学校带来了深远持久的影响。

* ····· * ····· *

约翰也有一个"锚问题"。自从他在童子军中第一次听说有人骑驴穿越大峡谷旅行时，他就梦想着自己也能来一次。但长大后，他便忙于开创事业和建立家庭，使梦想一拖再拖。他希望和家人一起去实现这个梦想，留下令人难忘的家庭回忆。等到约翰攒够了钱后，他的体重已经达到了221磅（1磅≈

0.453千克），而骑驴穿越大峡谷是有体重限制的——200磅。有5年的时间，为了能够在夏天骑驴穿越大峡谷，约翰努力节食减肥，试图把体重控制在200磅以内。第一年他减到了212磅，第二年208磅。他曾一度减到了203磅（嗯……带瓶水就会达到209磅）。他的减肥计划眼看就要成功了，但孩子们渐渐长大，而且有了自己的夏季计划，他们不愿意和约翰一起花上三天的时间，骑驴在峡谷中闲逛了。

所以，他的这个梦想从未实现。

对自己的梦想，约翰只看到了一种解决方案——他必须骑驴穿越大峡谷。如果他能退后一步，承认自己的解决方案实施起来耗时太长，而且成功的可能性太渺茫，那么他就可以重新定义"骑驴穿越大峡谷"这个想法，比如改成"纵览大峡谷风光"——乘坐直升机、坐船或者徒步都可以。相对于把体重控制在200磅以下，进行徒步训练然后游览大峡谷的机会更大，后者的成功概率是前者的10倍。

戴夫、梅拉妮和约翰的故事告诉我们：不要固执地坚守一种无用的解决方法，不要把一个可解决的问题变成一个"锚问题"。重新定义解决方案，寻找其他的可能性，以具有可行性的方案（如进行徒步）为原型进行设计，从而摆脱困境。锚问题会困住我们，因为我们只能看到一种解决方案——一种根本不起作用的方法。锚问题涉及的不仅是我们现有的、已经失败的方法。锚问题揭露的其实是我们的恐惧：我们担心自己尝试了其他方法，如果依然没用，那么我们就不得不承认自己永久地陷入了困境。有时，放弃原有的方法，冒险做出巨大改变，可能会面临更大的失败；相对而言，坚持一个我们熟悉的、无效的解决方法却会让自己更舒适。这是一种很常见的，自相矛盾的人类行为。变化总是伴随着不确定性，不管我们多么努力，都无法保证成功。因此，感到忧心也无可厚非。在人生路上，我们可以通过设计一系列小的"原型"来进行测试，这样可以降低失败的风险（和恐惧）。原型测试可能会失败，这很正常，但从精心设计的原型中，我们仍会得到一些关于未来的启示。

原型设计会降低我们的焦虑感。通过提出一些有趣的问题，我们可以获得一些数据，知道通过努力，实现改变的概率有多大。设计思维的一条原则是"快速失败，在失败中前进"。当你被一个"锚问题"困住时，你可以试着重新定义一下这个问题，探索其他可能性（不要期待奇迹发生），然后进行原型测试。原型要小，而且可靠，这样你就可以找到一个更具创意的解决方法。

在结束"锚问题"前，我们需要弄清楚"锚问题"和"重力问题"的区别。这两者都属于令人厌恶的问题，它们会让我们陷入困境而无法自拔，但它们之间有着本质区别。"锚问题"是一个现实问题，它只是难以解决，它具有可操作性——但是因为我们被困在上面的时间太长，所以感觉它变得难以逾越了。（这就是必须对锚问题重新定义的原因。这类问题需要我们开拓思路、寻找新的解决方法，如原型测试。）但是，"重力问题"并不是一个真实的问题，它属于你无法改变的情况。"重力问题"没有解决方法。你只能重新定向。人生设计师知道，如果一个问题不具备可操作性，那么它就是不可解决的。设计师非常善于重构和发明，但是他们心里清楚不能违背自然规律或市场规律。

我们在这里，就是来帮助你摆脱困境的。

我们希望你有很多想法，有很多选择。

当你有了很多主意之后，你就可以建立自己的生活原型，并对它们进行测试。这时,你就是一个人生设计师了。

根据美好时光日志绘制思维导图

如果你还没有记录"美好时光日志",那么现在就完成它吧,在下面这个练习中,你需要用到"美好时光日志"。我们将绘制三张不同的思维导图,每张都要延伸到至少三到四层,最外层至少要有 12 个元素。

思维导图 1——投入

从"美好时光日志"中挑选一个你最感兴趣的领域,或者能真正投入的活动(例如,平衡预算或推销一个新想法),把它放在思维导图的中心位置,然后根据思维导图绘制技巧,围绕这个中心词汇联想相关的词汇或概念。

思维导图 2——能量

从"美好时光日志"中挑选出你认为能够真正让你充满活力的事(如上艺术课或帮助他人),据此绘制思维导图。

思维导图 3——心流体验

从"美好时光日志"中挑选出一段让你产生心流体验的经历，把这段经历放在导图的中心位置，完成你的心流思维导图（如在公众面前发表演讲或提出创新想法）。

完成了这三张思维导图后，让我们探索一下如何设计出有趣但不一定实用的"第二种生活"。

1.认真观察这三张思维导图的最外层，选出三个引起你注意且完全不相干的词汇。跟着感觉，你会知道是哪几个词——它们会一下子就自动"跳入"你的眼帘。

2.现在，在一份工作介绍中，你可以想办法用到这三个词。你会发现这个过程非常搞笑有趣，这对其他人也会有帮助（需要再次强调的是，这份工作介绍可能没什么实用性，也不一定要吸引很多人）。

3.给你的角色命名，然后在纸巾上画一幅草图（迅速完稿的草图），如下图。例如，当格兰特（厌倦了在汽车租赁公司工作）根据他感兴趣的生活（在红杉林中徒步，打篮球，帮助他的侄子学习）做了这个练习后，他画了一幅草图，图中他和孩子们一起在一个海盗冲浪营地里。

PIRATE CAMP

4.根据这三个方面的思维导图，做三次这个练习，确保每张导图都和其他两张不一样。

现在，你可能会想："太棒了！你们介绍的方法太棒了，我一定可以用到！"如果是这样，那就太好了。

也许，你完成了这个练习，心里是这样想的："太无聊了！随便想象出来的这些荒谬的想法到底有什么用？"如果你真这样想，那么你在这个练习上就白费功夫了——你获得的全部收获就只是没有仓促做出判断，在发现问题时没有在内心做出评判。如果你从未做过这个练习，你可能会觉得这个练习十分荒唐。如果你是这样认为的，那么你是聪明的现代人俱乐部中的一员——聪明的现代人总是试图做正确的事情，并且期望立刻得到正确答案。换个角度看一下你的工作，看看你是否能从全新的视角去评价它，或者在几天后再试试这个练习。

你也可能会这样想："嗯，这个练习好玩又有趣，但是我不知道对我有什么用。"如果你是这样想的，那真是太好了。这个练习的重点不是得出一个具体的结论，而是尽量打开你的思路，开拓你的思维，让你在不经评判的情况下进行构思。通过这个练习，你可以发挥想象力，在令人意想不到的任务或者工作中融入创造性的因素，转换你的思维模式，不再纠结于解决问题（下一步我要做什么），而是发展你的设计思维（我能够想象出什么）。这样，你就可以像设计师一样思考问题，用创造力构想出大量重要的想法和主意了。

现在，是时候行动起来，开启下面的任务——设计三种真实的人生计划。

开启你的奥德赛计划吧。

小练习　　**思维导图**

1. 回顾你的"美好时光日志",关注那些能让你全身心投入、赋予你活力且让你产生心流体验的活动。

2. 选能够让你全身心投入、赋予你活力以及让你产生心流体验的三项活动,然后制作三张思维导图,围绕每项活动绘制一张导图。

3. 研读每张导图的外围因素,挑选三个能立刻引起你注意的因素,然后针对每个因素写出一段工作描述。

4. 为每段工作描述创造一个角色,并画一幅草图。

第 5 章
制订你的
"奥德赛计划"

人是多面体，你也是。每个人都有很多面。

你当下经历的生活只是你所有生活片段中的一段。

我们现在并不是在谈论转世，或者其他具有宗教含义的内容。一个简单常见的事实是，在人的一生中，会有很多种不同的生活。如果对现在的生活你感觉有点儿不舒服，不要担心，人生设计会带给你无数契机，你可以在任何地点、任何时间重新开始。你应该随时允许自己"校正镜头"。

在工作中我们会遇到各个年龄段的人。我们发现，人们（不管年龄、教育背景或者事业情况）经常犯一个错误，那就是他们以为只要为自己的生活想出一个计划，就可以一帆风顺。如果他们做出了正确的选择（最好的、真实的、唯一的选择），那么他们将会为自己制作一幅蓝图，包括他们将会成为什么人、将来做什么，以及如何生活等。然而，这种生活方式就像一幅数字绘画，刻板且没有创意。实际上，生活更像一幅抽象画——不同的人有不同的解读。

钟感觉压力很大。他曾就读于加州大学伯克利分校，读书期间他非常努力，并以优异的成绩毕业。毕业后他想去读研究生，但在读研之前，他想先在他所选择的专业领域积累一些工作经验，帮助自己更好地完成专业学习，之后尽快开始他的职业生涯。为了让自己有更多的选择，钟申请了6个不同的实习项目，时间从一年到三年不等。结果，可怕的事情发生了。在这6个实习申请中，有4个公司录取了他，其中有三家是他特别想去的。可怕的是被录取后，他迟疑不决，完全不知该如何选择——他不知道如何做出选择，也不清楚自己要做什么。

面对三个自己最向往的实习项目，他并没有做好准备，更严重的是，这三个选择完全不同——一个是去亚洲的农村教书，一个是在比利时的非营利组织做法律助理，还有一个是在华盛顿特区的卫生保健研究中心做研究。该选哪一个呢？

钟知道这是一个非常重要的决定,因为他在哪里实习将直接影响之后的研究生学习,而他研究生的学位也会影响他将来的工作,进而影响他的人生。

钟犯了一个常见的错误:他认为有一种"最好的方法"能帮助他拥有幸福成功的人生,他必须找到它,否则他就不得不退而求其次了,甚至更糟糕。但是,事实并非如此——我们都拥有足够的精力、天赋以及兴趣,可以过上自己想要的生活,每种生活都可以是真诚的、有趣的,而且可以创造出价值。若要搞清楚哪种生活最好则是一个非常愚蠢的问题,那就相当于去问是手好还是脚好一样。

在钟来咨询时,戴夫问他:"你选择时如此困难,那么你三个实习项目都去做,一个接一个完成,你觉得怎么样?"钟回答说:"我当然希望三个都做,但是可能吗?我怎么才能够获得允许,连做三个项目呢?"

"去问一下。只是问问,你又不损失什么。"

于是,他去那三家公司咨询了,结果令他十分意外,竟然有两个组织愿意等他;并且他发现,如果他愿意,他可以在5年内完成这三个实习项目。

钟终于明白，他无法确定哪个项目最好的原因是：没有最好。这三个项目都很好，但它们又是完全不同的机会。在人生的这个阶段，他完全可以一一去尝试，他也的确这样做了。

当然，最后的结果是钟从来没有想过的。他的第一个实习项目为期两年，这期间，他和本科同学保持了密切联系，经常通过网络聊天。9个月后，除了钟，其他人都发现自己并不快乐，他们对毕业后的生活所抱的幻想破灭了。毕业充满了压力，工作也曾让钟感到纠结，但钟学会了人生设计，他掌握了很多有用的技巧，并且认识到"条条大路通罗马"。他的同学则没有这样的信心，因此钟开始帮助他们确定下一步要做的事情。他很喜欢助人为乐。于是，他决定做一些调查，把这件事继续做下去。在第一份实习工作结束后，他放弃了其他两份实习工作，去了研究生院做职业咨询工作。在钟以为至少有三种职业可以让他生活得很快乐之后，他又发现了第四种职业。由此可见，只有当你停止"做正确的事情"，并开始设计你前进的人生路时，这一切才会发生。

> 思维误区：我需要找到最佳的生活方式，然后制订计划，实现它。
>
> 重新定义：有无数美好的生活（和计划）等着我，我可以自主做出选择，打造我的人生路。

畅想人生的多种可能性

在设计人生时，最有效的一个方法就是设计多种人生计划。现在，请你想象一下，然后写出未来 5 年的三个版本的人生计划。我们将这种方法称为"奥德赛计划"。只要你做了计划，就已经获得了三种完全不同的、完全可以维持生活的工作机会。在我们帮助过的数以千计的人中，每个人都向我们证明了这个计划的可靠性。在我们的内心存在着无数种生活的可能性，在任何时候，我们都要给自己设计三种可能的人生选择。当然，我们一次只能选择一种生活，但是我们可以构思多个版本，以便做出具有创意且富有成效的选择。

一下子想出三种不同的人生计划似乎是一项不可能完成的

任务，但实际上你是可以做到的。我们帮助过的每个人都成功地想出了三种不同的人生计划，你也可以。你心里很可能已经有了一个首选计划，或许有一个计划你已经投入了很多，并且进展顺利，那也很棒——但你仍然需要制订三个"奥德赛计划"作为备选方案，真的很有必要。凡是认真实施"奥德赛计划"的人都从中获得了巨大的好处，并找到了一个适合自己的"真实计划"。同时构思多个原型（如三个"奥德赛计划"）具有很大的意义，这一点已经在斯坦福教育学院得到了证实——丹·施瓦茨教授领导的研究团队通过对两个小组的研究证实了这一点。在研究中，一个小组的参与者同时开始构思三个想法，结果，在实现他们的最终目标时，他们至少能想出两个方案。第二个小组成员只需想一个方案，然后让他们对这个方案进行4次改进。两个小组分别进行了5轮练习，结果证明：第一组成员表现得更好——他们不仅提出了更多的方案，而且，他们的最终解决方案也更佳。第二组成员——从一开始就只提出了一个方案，他们只是不停地完善着同一个方案，这并没有带来真正意义上的创新。由此可见，如果你同时产生多个想法，有多种方案，就不会过早地选择一条路，思维也会变得更加开放，能够接受并提出更加新颖更加创新的想法。设计师深知这一点——不要只提出一个方案，否则你会一门心思纠结于这个方案，无法进一步拓展自己的思维。

不要把你的"奥德赛计划"看成"计划 A，计划 B，计划 C"——计划 A 非常棒；计划 B 是个不错的选择；而计划 C 你完全不想采用，但在无可奈何的情况下，你也可以勉强接受。每一个"奥德赛计划"都应是计划 A，因为它是你真正的渴望，有可能实现。"奥德赛计划"就是潜在的可能性草图，它可以激发你的想象力，帮助你选择前进的方向，让你开始原型设计，推进你的人生。

具体要选择哪种生活方式，我们会有很多方法和技巧帮助你攻克这类"选择"的难题，详细内容我们将在第 9 章具体介绍。下一步如何选择，其标准主要基于所有看得到的资源（距离、时间、金钱）、一致性（计划和你的人生观与工作观的匹配情况）、你的自信水平（你是否相信自己可以做到），以及你对这个选择的喜欢程度。但凡事都有先后，首先你需要设计几个可替代的选项。

我们之所以称之为"奥德赛计划"，是因为人生就是一段漫长且充满风险的历程，有希望、有目标、有帮手和爱人，也有敌人，未知风险和好运并存。旅行开始时，我们会做好计划，随着时间的推移，生活中遭遇的一切会一一展现在我们面前。随着我们不断前进，好事、坏事融合交织在一起。《奥德赛》是古希腊大诗人荷马的代表作，该史诗讲述了奥德修斯海上漂流的故事，作者借此隐喻人生如一场探险。因此，我们需要花些时间，想出多种方法，帮助你开启人生旅途的下一个篇章——你的需求。

我们希望你设计三个不同的 5 年计划。为什么是 5 年？因为 2 年太短（会让你感到紧张，想得也不够长远），7 年又太长了（到那时，很多事情会发生变化）。实际上，如果你听过人们讲述自己的经历，你会发现大多数人的生活实际上都是由一系列 2~4 年的时间段串联起来的。即使是更长的时间段（如抚养子女的时间）也会被分割成几个独立的 2~4 年的时间段——幼儿期，学前，少年期，青春期。5 年时间其实是 4 年加上 1 年的机动时间。我们请涵盖了各个年龄段的数千人做过这个练习。在进行了多种尝试后，我们确信，5 年是一个合理的时间段。请尝试一下。

我们想强调的是（我们不会给你的练习打分），你要为自己创造三个完全不同的可供选择的生活版本。这三个计划将给你带来三个真正的选择，充分发挥你的创造力，你将了解到，你不会选择显而易见的答案。我们希望你想出三个真正不同的备选方案，而不是同一个主题的三个版本——生活在佛蒙特州的一个小镇与生活在以色列的基布兹①不是两个不同的选择，它们是同一个选择的两个版本，所以你一定要认真想出三种不同的人生计划。

我们相信你可以做到，因为我们已经见证了数以千计的人成功地完成了这个练习，其中有很多人一开始认为自己根本想不出三个未来生活的版本。如果你觉得自己想不出来，那么下面这个方法可以帮助你。

第一种选择——你已经在做的事。你的第一个计划应着重放在你已有的想法上——它也许是你当前生活的延展，也可能是一个你头脑中已酝酿很久的好主意。总之，就是你已经拥有的想法——这是一个很好的选择，非常值得引起你的注意。

---

① 基布兹，kibbutz，是以色列的一种集体社区，过去主要从事农业生产，现在也从事工业和高科技产业。——编者注

第二种选择——如果你突然无法从事正在做的工作（第一种选择），那么第二种选择就是你想要做的事。这是常有的事情，因为一些类型的工作会突然没有市场。例如，现在几乎没有人再生产马鞭子或者创建互联网浏览器，因为前者已经过时，后者则被免费的操作系统取代，因此制作马鞭和创建浏览器不再是热门的职业了。想象一下，你的第一个生活选择突然间消失了或者不再适合你，你该怎么办？你不可能不生存，你不可能什么都不做，那该怎么办？实际上当你觉得自己无法做想做的事情，不得不重新寻找谋生之道时，你就会想出其他选择。

第三种选择——在不考虑金钱和形象的前提下，你想做的事情或者你想过的生活。如果你知道你会有不错的收入，而且这份工作也不会被人嘲笑，那么你想做什么？这只是个假设，我们无法肯定某份工作可以让你赚到很多钱，我们也无法保证没人嘲笑你，但是想象一种这样的生活将会对你的人生设计非常有益。

戴夫最近正在解答一位年轻的工商管理硕士的疑问，这个学生想不出有关他的生活的三个计划。

"那么，你将来打算做什么？"戴夫问这个学生。

"我想从事企业管理咨询工作。"

"很好，这就是你的第一个人生计划，"戴夫回答说，"但是，你知道吗，很多公司首席执行官都认为没有必要再花数十亿美元在管理咨询上，所以他们决定取消这方面的支出了，咨询行业已经走到头了。现在，你该怎么办？"

这位工商管理专业的学生非常震惊："什么？完全不需要了吗？"

"是的，完全不需要了，你必须做其他工作了。你想做什么？"

"嗯，如果我不能做咨询工作了，我会尝试去一家大型媒体公司工作，从事战略或者营销传播方面的工作。"

"很好，这可以作为你的第二个人生计划。"

当戴夫问他，如果不考虑金钱或者形象问题，他想干什么时，在再三确定不会有人嘲笑他后，这个年轻人提出了他的第三个人生选择。

"嗯，我非常想做红酒销售工作。真的，我非常感兴趣，我想尝试一下。"

"可以了,"戴夫说道,"你现在有三个人生选择了。"

在交谈中,很多人都固执地认为自己只有一种人生选择。如果你无法立刻想出三个人生选择,那就试试这种方法。一旦想象出三个人生选择,你就会想出更多的选择。

摆脱惯性思维,不要思虑过度,立刻行动起来!

这是一个可以改变人生的练习。

是真的。

奥德赛计划详解

请为你的人生设计三个可替换的 5 年计划,每个计划必须包括如下内容:

1. 一个直观的 / 图解形式的时间明细表,包括私人的、与工作无关的事情。例如,你是否想结婚?你想参加培训而后在健身大赛中取得胜利吗?你希望学习通过意念掰弯汤勺吗?

2. 为每个计划拟定一个六字标题,描述计划的核心内容。

3. 针对每个计划提出两到三个问题。优秀的设计师会通过提问进行测试，发现新想法。在每一个时间明细表中，你可以尝试各种不同的可能性，多方了解自己和周围的世界。在这三个人生计划中，你想测试并探索哪些事情？

4. 填写"仪表盘"，评估如下内容：

• 物力（你拥有客观资源吗？例如时间、金钱、人脉，这些都是你实现计划所必需的）

• 喜欢程度（你对这三个计划的态度如何？迫切、缺少热情还是满怀热情？）

• 自信心（你相信自己一定会实现计划，还是不确定？）

• 一致性（这些计划本身有意义吗？它们与你及你的工作观和人生观是否一致？）

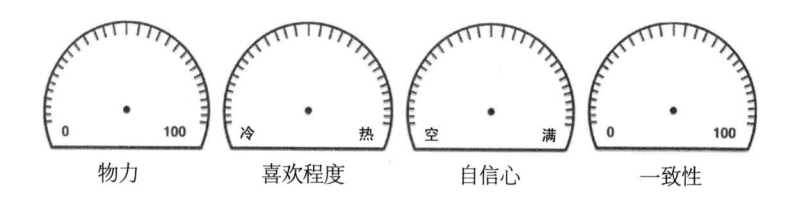

物力	喜欢程度	自信心	一致性
0 — 100	冷 — 热	空 — 满	0 — 100

● 潜在考量：

• 地理环境——你住在哪里？

- 你会获得哪些经验？
- 如果选择了其中一种计划，这将对你产生什么影响或者带来什么结果？
- 你的生活会变成什么样？你希望自己成为什么样的人？你希望自己在什么行业或企业工作？

● 其他内容：

- 除了事业和金钱，其他事情你也要放在心上。事业和金钱，对你随后几年的发展方向能够起决定性作用，但仍然有一些其他的关键因素需要引起你的注意。
- 上述的任何一个因素都可能成为你随后几年人生计划的起点。如果你发现自己陷入困境，就试着根据上述列举的设计因素绘制一张思维导图吧。关于这个练习，你不要思虑过度，也不要跳过不做。

"奥德赛计划"能够明确我们未来重点需要做的事情，帮助我们实现梦想。你在 12 岁时想成为宇航员的梦想不是没有了，它只是被埋藏在了内心深处。注意保持好奇心，看看还有什么其他发现。选择其中一个计划，放开一切顾忌，充分发挥你的想象力，越疯狂越好。可能有的想法太天马行空、太疯狂，你一辈子也不会付诸行动，但你也要记录下来——例如，在阿拉斯加或者印度隐居，在好莱坞的舞台上表演，成为一名专业滑板运动员，参与让人肾上腺素飙升的极限运动等。你或许想在生活中的不同领域（如事业、爱情、健康和娱乐）制订几个不同的可选计划，你或许想把这几个方面融合在一个计划中，这都没有关系，你唯一可能犯的错误就是什么也不做。

玛莎的奥德赛计划

下面是研讨班学员玛莎的"5年奥德赛计划"的三个版本。玛莎是一位技术高管，她当时希望在以后的生活中尝试一些有意义的事情。玛莎为自己的未来设想出了三个版本，每一个版本都是风险性和创新性并存，而且都和社区建设有关。

玛莎的三个计划分别是：创立硅谷风格的企业，成为有关"问题儿童"非营利组织的首席执行官，以及在旧金山开一家温馨的社区酒吧。注意，每一个计划都包括6个词的标题和一份 4 项评估仪表盘，另外，针对每个计划还要提出三个问题。

例 1

标题："全力以赴——硅谷故事"

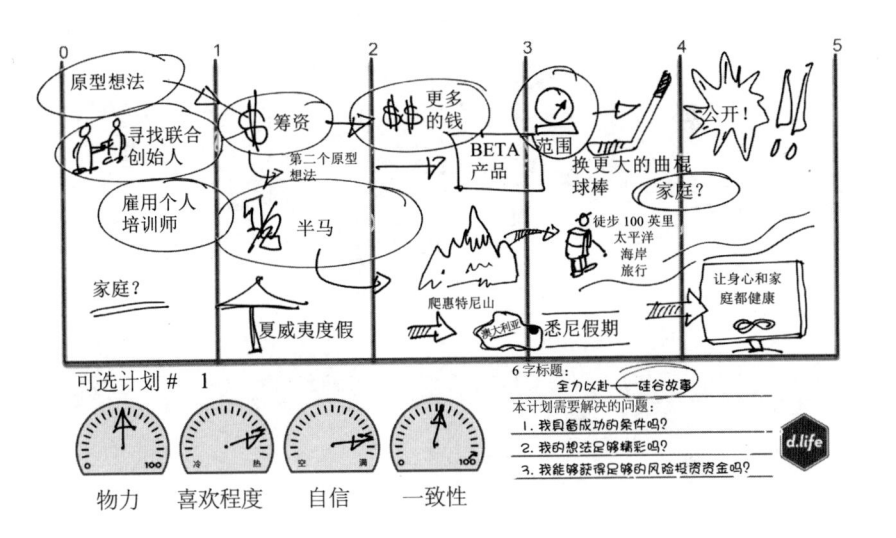

问题

1. "我具备成功的条件吗？"

2. "我的想法足够精彩吗？"

3. "我能够获得足够的风险投资资金吗？"

例2

标题:"发挥所长——救助儿童!"

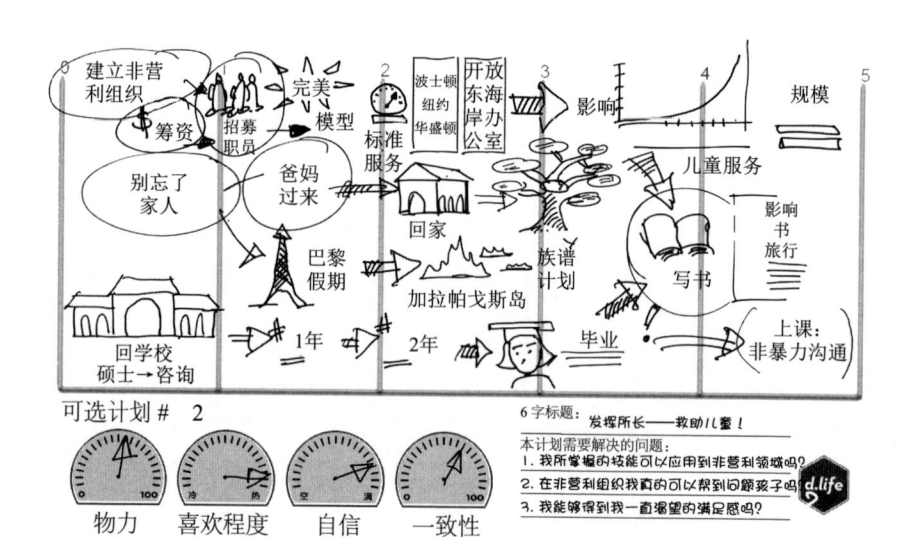

问题

1. "我所掌握的技能可以应用到非营利领域吗?"

2. "在非营利组织我真的可以帮到问题孩子吗?"

3. "我能够得到我一直渴望的满足感吗?"

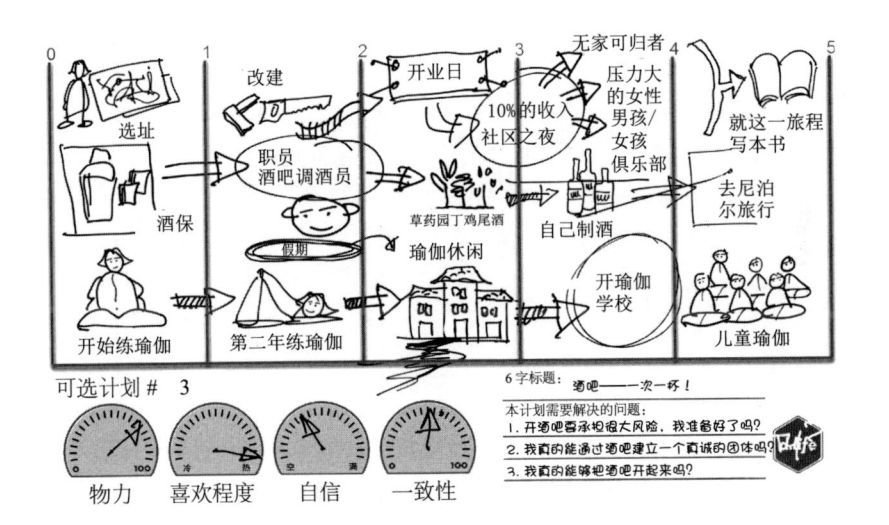

例 3

标题:"酒吧——一次一杯!"

0	1	2	3	4	5
选址 / 酒保	职员 酒吧调酒员 / 假期	改建	开业日 / 10%的收入 社区之夜 / 草药园丁鸡尾酒 / 瑜伽休闲	无家可归者 / 压力大的女性 男孩/女孩俱乐部 / 自己制酒 / 开瑜伽学校	就这一旅程写本书 / 去尼泊尔旅行 / 儿童瑜伽
开始练瑜伽	第二年练瑜伽				

可选计划 # 3

物力　喜欢程度　自信　一致性

6字标题:酒吧——一次一杯!

本计划需要解决的问题:
1. 开酒吧要承担很大风险,我准备好了吗?
2. 我真的能通过酒吧建立一个真诚的团体吗?
3. 我真的能够把酒吧开起来吗?

问题

1. "开酒吧要承担很大风险,我准备好了吗?"

2. "我真的能通过酒吧建立一个真诚的团体吗?"

3. "我真的能够把酒吧开起来吗?"

0	1	2	3	4	5

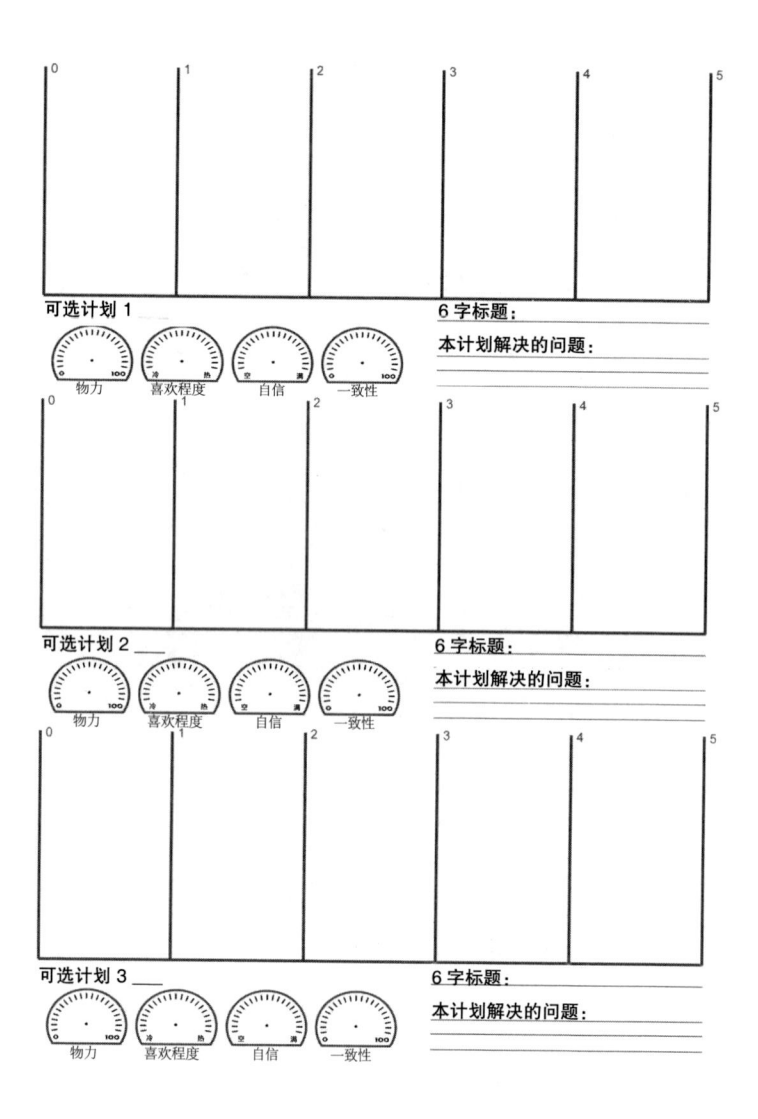

可选计划 1 ___   **6 字标题：**___
物力　喜欢程度　自信　一致性   **本计划解决的问题：**___

0	1	2	3	4	5

可选计划 2 ___   **6 字标题：**___
物力　喜欢程度　自信　一致性   **本计划解决的问题：**___

0	1	2	3	4	5

可选计划 3 ___   **6 字标题：**___
物力　喜欢程度　自信　一致性   **本计划解决的问题：**___

现在，完成你自己的三个可选 5 年计划，你可以填写上文提供的计划表，也可以登录 www.designingyour.life 下载计划表。

分享你的人生计划

我们希望你能够和其他人分享你的三个计划表，不要紧张，拥有三个版本的人生计划是一件非常了不起的事情。这些计划表能够让你清楚地意识到，你的未来并非只有一种可能性。思考一下，你的哪个可选计划在物力、喜欢程度、自信以及一致性上的评分最高？哪个计划让你兴奋，能够点燃你的激情？哪个计划让你疲于应付？

充分了解可选方案的最佳方法就是和朋友分享，大声说给他们听——理想状态是和你的人生设计团队一起分享，就像我们在前言中所介绍的那样。最有趣、最有效的完成人生设计过程的方法就是组建团队，团队可以有 3~6 个成员，包括你自己。一个人进行人生设计也没问题，但你最好选择团队进行设计，因为在团队中，每个人在完成自己的计划的同时，还能够对其他人的人生计划给予支持。找 2~5 个人一起完成这个练习可能比你想象的要容易。只要把本书拿给几个对生活感到迷茫的人，然后一起讨论，看看你会发现什么。你可能会非常吃惊。我们并不是在说服你多买几本书，只是这样有助于你组建人生计划团队，展开话题讨论。

不管你是否会组建一个人生设计团队，你都需要找一些支持你的人，向他们展示你的"奥德赛计划"，听取他们的反馈和想法。你可以邀请一些人，请他们提出一些有建设性的问题，但请他们倾听时，最好遵循以下原则：不要批评、评论或者提建议。你和他们分享的目的是希望他们接受你的计划，并给予反馈，帮助你进一步扩展。这时要提一些问题，但要注意提问的方法，"再告诉我一些关于……"的提问方式不错，可以让你持续得到他人的支持。如果你实在找不到一组人一起分享你的计划，那么你可以读一下自己的计划，把它录下来，然后去听录音，这时不要把自己当作一个听众、一个局外人。听完后，看看你有什么想对自己说的，再记录下来。

人生设计就是为你的生活提供多种选择，设计多种人生的练习能够为你将来的生活提供参考。你不是在设计自己的余生，你设计的是下一步的打算。每个可能的设计版本都包含着未知事件和妥协方案，每一个设计版本都带有一定的意外后果。在这个练习中，与其说你是在寻找答案，不如说你是在学着如何接受、探索问题，对各种可能性保持满满的好奇心。

记住，有多种美好的生活在等着你。

每个人都是多面体。

选择哪种原型设计作为下一步生活的开端，这由你决定。

小练习   **奥德赛计划**

1. 利用所提供的表格，制订三个可供选择的5年计划。
2. 为每个计划拟定一个标题，并根据每个计划的内容提出三个问题。
3. 完成仪表盘上的内容评估——就计划所需的物力、喜爱程度、自信心以及一致性进行评估。
4. 和他人、小组成员或你的人生设计团队分享你的计划，思考每个计划是如何激发你的活力的。

第 6 章
原型设计

克拉拉需要重新设计她的人生。她曾是一名销售高管,在高科技领域发展。在过去的35年里,她的事业取得了很大的成功。但是,现在她退休了。眼下,克拉拉不想再进入任何与销售相关的行业,不想参加和"销售限额"有关的会议——实际上,她都不想再听到这几个字了。她的许多朋友在晚年时都把大量时间放在了发展自己的兴趣爱好上,有的人甚至把爱好发展成了职业。克拉拉的朋友们似乎都远离了曾经的专业领域,但是克拉拉并没有什么兴趣爱好。作为一个单亲妈妈,她大部分时间都用来抚养孩子,拓展销售事业。退休后,她的孩子已经长大成人,她的事业也结束了,她不知道自己下一步该做什么、从哪里开始,因此我们为她提供了帮助,让她从当前的实际情况出发,设计未来的生活。

克拉拉的朋友给了她各种各样的建议,他们认为,"只要有行动就好了。如果你没什么想法,那么就随便找件事去做。你不能什么也不做,不管做什么,只要别无聊地待在家里就好"。但是,克拉拉不知道从何处着手,她承认"找点儿事做"是个不错的建议,但是她很容易在一些不适合自己的事情上投入过多。首先,她需要找到一个方法,在不需要投入过多的情况下,先尝试去做一些事情,从中获得真实的体验。她不必投入全部的时间和精力,只是先试试。

虽然一开始克拉拉对"返场事业"还没有一个具体的目标,但她终于找到了让自己感兴趣的事。她是IBM(国际商业机器公司)第一批销售大型计算机的销售员,而且她一直都在倡导男女平等。她认为:"让我们做一些帮助女性的事情吧。"从那时开始,她便积极寻找各种方法为女性提供帮助。几周之后,她在当地教堂听了一位女士的演讲,内容是关于协调技巧和非暴力沟通技巧,以及如何利用这些技巧为失足少年的母亲和婚姻中受虐的妇女提供帮助。克拉拉向这位女士进行了自我介绍,并且向她提问。克拉拉的问题非常尖锐,她还受邀参加了调解技巧培训班。这个课程一周只需上几个小时的课,通过这个课程，她将学到如何进行调解，从而帮助陷入困境的女性。于是，她参加了这个培训课程，最终获得了调解合格证书。

这次培训为她提供了一个机会，她获得了一份难度很大的工作——在青少年司法系统提供调解服务。这份工作并不稳定，因为资助是按年算的，今年有，明年就不一定了，但这正好适合克拉拉。这份工作需要克拉拉在法庭、学校、家长和问题少年之间进行调解，为被判监禁的问题少年寻找一种可替代的解决方式。这份工作也很具挑战性，但是克拉拉发现，自己过去几十年的销售工作经验让她受益匪浅。她很善于谈判，而且能够快迅速抓住问题的症结、解决问题。同时，很多问题少年都是由单亲妈妈抚养的——对独自抚养孩子的单亲妈妈，她的心总是会特别柔软。克拉拉非常喜欢这份工作，她想要试试。

在工作期间，克拉拉接触到了 WFC（加利福尼亚妇女基金会），它主要是对为女性谋求社会公平的非营利性组织进行资助。这也是克拉拉想要尝试的事情，于是她联系了该组织。克拉拉出色的调解工作给 WFC 领导层留下了深刻印象，她被邀请加入该基金会。在该基金会服务的三年中，克拉拉学会了写基金申请书,同时,她对当地致力于解决社会问题的其他27个非营利性组织也有了深入的了解。

在工作中,克拉拉对无家可归人群的议题越来越感兴趣(女性流浪者的问题尤其严重)。通过WFC,她认识了对"流浪者之家"资助最多的一位慈善家,这位慈善家邀请克拉拉加入流浪者之家董事会。这时,克拉拉意识到她找到了自己的"返场事业",她接受了邀请。目前,她正为解决当地流浪者问题而努力,为全美解决流浪者问题树立了榜样。

在一开始投入解决流浪者问题的工作时,克拉拉并没有制订相关的计划。发现了这一点后,她经过认真思考,仔细推敲,精心拟定了一系列小型的体验活动来设计她的人生路。她通向"流浪斗士"(顺便说一下,这份工作唤起了她所有的激情)的道路并不是一帆风顺的。她学会了像设计师一样思考,一步一步,通过原型设计,开启了自己的前进之路。她坚信如果她对每一次原型设计都能够亲自进行,并实践测试,那么就一定会成功。

之后,克拉拉又进入了流浪者中心的董事会。在董事会的工作中,她遇到了各式各样的人,并通过亲身经历探索自己的人生选择。正是通过人生设计，克拉拉才找到了事业的"第二春"。克拉拉做到了，你也能。

> 思维误区：如果我全面研究了有关计划的所有数据，那么我就一定会成功。
>
> 重新定义：我应该进行原型设计，从中发现可选计划中存在的问题。

学会提问

"建造即思考"——在斯坦福大学设计学院，你经常会听到这样一句话。当这个想法和"注重行动"的心态结合在一起时，就会激发绵延不绝的创造性思维。如果你问学员，他们正在做什么，他们会告诉你他们正在建造原型。他们可能正在进行各种原型设计，如产品方案、新的消费者体验或者新服务。在斯坦福大学，我们坚信任何事物都可以进行原型设计，从物体到公共政策。原型设计是设计思维不可分割的一部分，因此我们有必要稍作停顿，首先弄清楚原型设计的原因，搞清楚原型设计的方法。

当你试图解决一个问题时，你通常都会从已知的条件入手，即从数据开始。你需要足够的数据才能明白是什么原因导致了事情的发生，以及当某件事发生时可能带来什么后果。

但是，当你设计你的人生时，不会有很多数据供你参考，尤其是关于未来的可靠性数据。你不得不接受事实，承认这是一个十分棘手的问题，传统的因果思维在这里并不起作用。幸运的是，设计师想出一种方法，即通过原型设计，来帮助你悄然走近你的未来。

在人生设计中，当我们使用"原型设计"的方法时，我们并不是要检查你的解决方法是否正确，也不是要演示如何进行完整的设计，更不是说只设计一个原型（设计师会设计很多个原型，绝对不会只设计一个）。进行原型设计主要是为了提出有建设性的问题，暴露出我们内心深处的偏好和设想，迅速重复反馈，逼近目标，为我们想要尝试的人生路提供前进的动力。

原型设计应采取提问的形式，通过问题来了解自己感兴趣的事情，获得相关数据。好的原型设计会就一个问题的某个方面提问，然后就此设计一种体验。在这种体验中，你可以对自己潜在的、感兴趣的未来进行"尝试"。原型设计通过体验的方法把未来的生活具体化，你可以想象未来的生活，就好像你正在经历一样。原型设计还可以创造新的体验，让你有机会了解一个全新的职业，哪怕只有一个小时或者一天的时间也是非常好的。原型设计还有助于你建立良好的人际关系网，把你和对你的人生设计感兴趣的人团结在一起。原型设计也是开启谈话的好方法。通常，一件事的发生必然以另一件事作为缘由。原型设计有时会给你带来意外的惊喜以及更多意想不到的机会。在无法获得更多数据之前，通过原型设计你可以进行尝试，即使马上就失败也没有关系，你可以再次尝试，因为原型设计没有过多投入。

我们的理念是，对你感兴趣的事，一定要进行原型设计。另外，在开始进行原型设计时，对问题的解决程度低一些，最好简单一些，这都没关系。就问题的某个方面设计出一个原型，用它来解答整个问题。利用你已有的或者你能够了解的信息，做好准备，快速重复反馈。记住，原型设计并不是指在大脑中进行思维实验，原型设计必须是现实生活中的一次实际体验。有益的数据只存在于真实世界中，原型设计最好的方法是亲身参与你感兴趣的领域，这样才能获得所需的信息。

原型设计同时也是培养你的同理心，加强你对生活的理解的过程。我们进行原型设计时不可避免地需要合作，需要与他人共事。每个人都在不断前进，你的原型也会邂逅其他人的原型，由此你可以了解到他人的人生设计，为你的生活提供启示。

因此，原型设计包括提出有难度的问题、创造体验、提出假设、快速失败，并且在失败中前进，悄悄走近你的未来。在这个过程中，你会更加了解自己，也更容易理解他人的处境。一旦你明白了原型设计是你获得所需数据的唯一方法，它就会成为人生设计过程中一个不可或缺的部分。由此可见，原型设计的意义重大，不进行原型设计可能会让你付出高昂的代价。

埃莉斯认为自己不需要进行原型设计，因为她已经做好了出发的准备。埃莉斯在一家大公司的人事部门工作多年了，现在，她想做出一些巨大的改变，她觉得自己已经准备就绪。埃莉斯喜欢美食，尤其是意大利美食，在托斯卡纳的小咖啡馆和熟食市场中，她有过很多美好的经历。经营一家熟食店，内设一个小咖啡馆，提供地道的托斯卡纳美食，售卖美味咖啡——这是她一直以来的梦想，她决定实现这个梦想。她攒足了创业资本，四处收集美食菜谱，然后在她家附近进行调查，试图找出一个最适合的店址开店。终于，她租了一家店铺，重新进行了装修，储备好了最优质的原材料，并且组织了热热闹闹的宣传活动。她的店取得了巨大成功，工作量也很大，她比以前更忙了。但不久，她就感到特别痛苦。

原来，埃莉斯根本没有对自己的想法进行原型设计，她也不是一步步走向未来的，她过于着急了。埃莉斯并不了解夜以继日地在咖啡馆工作是什么情况，她把经营一家咖啡馆和去咖啡馆喝咖啡视为同一件事了。通过这次经历，她不得不承认她虽然是一个优秀的咖啡馆设计者，也有创新能力，但她并不是一个合格的美食店管理者。她讨厌不停地招聘店员，厌恶盘点库存或者进货，甚至不喜欢过问店铺保养维修的事情。虽然这家店铺非常成功，却让她陷入了困境，她不知道接下来该怎么办。最后，她卖掉了该店，选择从事餐厅室内设计工作，但这条路又给她带来了巨大的痛苦。

如果埃莉斯对自己的想法进行了原型设计，又会怎么样呢？她可以先尝试一下餐饮供应服务——这是容易开始又容易结束的工作（不用租赁店铺，雇员很少，超级方便，而且不需要固定的工作时间）。她也可以去一家意大利美食店找份清洁员的工作，好好看看餐后的桌面是多么狼藉，而不是只关注精美的菜单设计。她也可以分别采访三个快乐的店主和三个脾气暴躁的店主，看看自己会是哪种店主。在她放弃了上述两份工作后，我们见到了埃莉斯，她报名参加了我们的人生设计培训课，并向我们讲述了她的故事。在培训课后，她后悔地说道："天啊，要是我一开始就放慢脚步，先进行原型设计，那么我就不会浪费这么多时间了！"的确是这样。即使你很着急，我们仍建议你对自己的想法进行原型设计，这样你才能把人生设计得更好，不但可以节省大量时间，还能避免很多不必要的痛苦。

进行原型对话——人生设计采访

当你对自己的生活进行原型设计时，最简单、最容易的原型设计方式就是对话。下面,我们将介绍一种具体的原型对话形式,即人生设计采访。

人生设计采访非常简单,就是了解他人的经历。当然,这并不是说采访任何人都可以。你要采访的对象,他们的工作和生活必须是你正在考虑的,或是在某个领域有真实经历或者专业特长的人。采访中,你所要了解的内容包括:他是如何开始从事现在所做的事情的?他是如何获得该专业的相关技能的?如果你从事他现在的职业,会怎么样?

如果某个人从事的工作是你也想做的,那么你就可以采访他,听听他对这份工作的看法。同时,你还需要知道他每天的生活都是什么样的。想象一下,如果你花几个月甚至几年去做这份工作,你是否会喜欢。另外,再问问他的工作或者生活情况,看看他是怎么得到这份工作的,即他的职业道路是怎么开辟的。大多数人失败并不是因为他们没有天赋,而是因为他们缺乏想象力。和某个人坐下来,认真倾听他的人生经历,你会得到许多有用信息。这就是人生设计的采访过程。克拉拉拥有很多这样的信息,它们给了她很大帮助。但埃莉斯对他人的生活经历几乎一无所知,这就让她付出了惨痛的代价。

对于人生设计采访，首先必须明确的是，这不是一个工作面试。如果你发现在采访中，更多的是你在回答问题、介绍你自己的情况，而不是倾听对方的故事经历，那么就赶紧停下来，你问他答，让对方说话。这一点非常关键。如果你的谈话对象产生了误解，他认为你的约谈是一个工作面试，那么这同样是一个悲剧，这说明采访已经失败了，即使还没有，也离失败不远了。在这当中起作用的是心态。请思考一下：当某个人认为你正在找工作时，他首先想到的事情实际上和你没有任何关系。他会思考："我们有职位空缺可供讨论吗？"这个问题的答案通常是"没有"。因此，当你正努力约见某人时，而他认为你是想找工作，你就不会获得见面机会，你得到的答案只会是"不"。这样的拒绝听起来似乎不近人情，但这其实是那个人能给出的最善意的、最有帮助的回答。如果你真的是在找工作，但和你谈话的人没有工作岗位可以提供给你，或者他不负责招聘工作，那么他会对你说"不"，然后让你去找真正能给你提供帮助的人。

事实证明，如果对"我们是否有职位空缺可供讨论？"这个问题的回答是肯定的，那么接下来对方就会想："他适合这个岗位吗?"工作面试时,招聘者的思维通常都是挑剔的,而且带有评判性。如果你只是想和对方建立私人联系,那么你就不希望对方是这种心态。

实际上,人生设计采访其实并不是真的采访——它只是一次谈话。因此,当你试图约某人谈谈时,不要使用"采访"这个词,因为对方会认为你说的就是工作面试。现在,你需要做的就是确定一个人,这个人现在所做的事情是你感兴趣的,你想了解他的故事。人生设计采访没你想象的那么难。假如你确定安娜就是你想找的人,她很优秀,从事的工作也是你感兴趣的,你和她都认为她的工作可以成为你们感兴趣的话题,那么你就可以约她谈谈了。在人生设计采访中,提出谈话请求时你可以这样说:"你好,安娜,我很高兴能够联系你。我需要咨询你一些事情,约翰说你就是我要找的人。你的工作给我留下了深刻印象,因此,我想更多地了解你。如果可以,我想请你喝杯咖啡,时间和地点你来定,谈话大约需要 30 分钟。"就这些,足够了。是的,提及安娜尊重的朋友或同事约翰非常重要。有约翰作为介绍人,这样安娜更容易接受你的邀请。即使没有介绍人,也会有其他的"安娜"将会接受你的邀约。没错,你必须与他人联系，才会更有效地进行人生设计，我们稍后会做详细介绍。

原型体验

原型设计对话是个不错的选择，因为对话不仅有益，而且容易实现。但是，在思考人生设计时，你不仅想听他人的故事，更希望自己能亲身体会一下那种"经历"，这就是原型体验。通过体验，你就能获得一个与未来生活直接接触的机会。例如，花一天的时间在自己喜欢的行业进行观摩（如陪朋友上班）；或者自己创建一个探索项目，然后义务试验一周；或者制订一个历时三个月的实习计划（显然，三个月实习需要更多的成本和大量投入）。如果你已经利用人生设计采访储备了很多资源，那么在原型对话中，你将会遇到很多有兴趣观察或者观摩的人。其实，很多人都是非常乐于助人的。绝大多数试验过人生设计采访的人都进展得很顺利，他们似乎都很享受彼此之间的谈话。相比邀请某人进行 30 分钟的咖啡会谈，观摩他人的工作更受欢迎。在大约 12 次原型设计对话后，你就需要做好准备，提出更多的要求，比如亲身参与某些原型体验，不再局限于聆听或观摩的状态。如果你能真正尝试一些事情，那么这对你将是一个更大的挑战。亲自实践、采取行动非常重要，这样你可以了解某件事到底适合不适合你。买车前你一定会试驾的，对吧？但当工作和生活发生改变时，你往往不会提前尝试。例如，在真正开店之前，埃莉斯如果尝试了我们提出的所有想法，比如提供几次承办酒席服务，或者去做短工、在餐厅擦桌子，那么情况就会截然不同。构思这样的原型体验才是真正的设计，当然构思原型体验需要大量的想法和主意。接下来，我们将介绍"人生设计头脑风暴"——一种能够激发无数好点子的合作技巧。让我们开始吧。

人生设计头脑风暴

现在我们回过头来看看你在前一章制订的奥德赛计划。我们希望这些计划能够引发你的思考，想想自己未来想要过什么样的生活，并且发现一些需要解答的问题。在大型企业工作多年后，在小企业工作又是怎样一种体验？全职管理一家有机农场与夏季在有机农场做志愿者有什么不同？销售人员整天都在做什么？诸如此类。仔细思考一下，在你的奥德赛计划中，不管是哪种版本的生活，只要它适合你，而且能够让你兴奋，你就有信心完成它。想想看，你的问题是什么？通过原型体验，你还想了解些什么？

这就是我们现在面临的挑战。通过头脑风暴，我们能够构想出各种原型体验，从而有利于我们应对挑战。

大家应该都接触过头脑风暴法。这是一个经常被用到但饱受争议的概念。头脑风暴既包括有组织的创意练习，也包括一群人坐在一间屋子里，反复讨论一些想法。头脑风暴法是一种能够产生大量创新的、非传统思维的技巧。这个概念最早出现在亚历克斯·奥斯本1953年出版的《创造性想象》一书中。他认为，这种技巧能激发人们的创意，但必须遵循两个原则：对产生的大量创意应重量不重质，不要立即给予评判，防止参与者压抑自己的想法。自从头脑风暴法诞生以来，它就成为一种非常流行的激发创意的方法，并呈现出多种形式。

头脑风暴最常见的形式就是小组头脑风暴：通常有 4~6 人聚集在一起，选出一个焦点问题，然后大家集思广益，花 20~60 分钟的时间，针对该问题提出尽可能多的解决方案。头脑风暴的最终目的，是找到可以进行原型设计并且可以在现实生活中进行尝试的想法。

进行头脑风暴，你需要一些想要提供帮助并对这个技巧有实践经验的参与者。找到合适的头脑风暴参与者并不是一件容易的事情，但是一旦你拥有了一组不错的人选，你就能得到很多适合进行原型设计的想法。就像善于即兴表演的爵士音乐家一样，合格的参与者不仅能将精力集中在一个主题上，而且具有很强的临场发挥能力，可以即兴提出很多新想法。这需要大量练习并集中注意力，但在人生设计中，一旦你掌握了头脑风暴的技巧，你的想法就会源源不断地涌现出来。

在人生设计中，头脑风暴法分为四步，其结构非常清晰严谨，这个方法能够激发大量可进行原型设计的想法。通常，如果你是召集人，那么对需要集体讨论的议题你要做到心中有数，而且要确保 3~6 名成员都是自愿提供帮助的。一旦大家聚集到一起，就可以遵循下列步骤进行头脑风暴。

步骤 1：提出一个合适的问题

在头脑风暴中，提出一个合适的问题非常重要。会议协调者通过提出问题，让大家集中注意力，点燃大家的热情。在提出这个问题时，有一些事项需要协调者注意。

如果提出的问题不是开放式的，你们将无法提出有趣的想法，而且想法的数量也会非常少。在开始头脑风暴会议时，我们通常会说："对……（问题）我们可以想出多少种方法"，这样的说法能够确保不限制大家畅所欲言。克拉拉本可以就她的问题"我们能够想出多少种方法去验证女性被赋权带来的影响"来组织头脑风暴会议。在读研究生之前，钟原本可以组织一个头脑风暴会议，问问大家："职业咨询有哪些作用？要想了解每种工作的真实情况，我们都需要做哪些交流？"

同时要注意，在你的问题中不要包含解决方案。例如，在比尔的客户那里，发生了这样的事情。他们想要进行头脑风暴，想出"10 个方法为储藏室制作一架梯子"。这个议题本身就不恰当，因为"梯子"就是一个解决方法（他们只是需要 10 个想法），问题设计应该把重点放在梯子所起的作用上，例如："关于……我们可以想出多少种方来帮助一个人够到高处的储藏柜？"或者："关于……我们可以想出多少种方法来帮助仓库管理员多方位移动？"这样的问题就没有假设梯子是唯一的解决方案，而是让大家畅所欲言，给出更多有创意的答案。

另外，也要注意不要把问题设计得过于宽泛，这样头脑风暴也会失去意义。有时，我们在列席人生设计头脑风暴会时，常会听到这样的问题："想让鲍勃幸福，我们能够想出多少种方法？"这种模糊不清的问题通常会导致失败，原因如下：首先，"幸福"对不同的人有着不同的含义。积极心理学家告诉我们，幸福与你身处的环境相关。所以，如果没有一个具体的环境——如"我的工作"或者"我的社交生活"，那么没人知道该怎样达到幸福的状态。毋庸置疑，这类头脑风暴会议既无法提出适合进行原型设计的好点子，自然也不会得到令人满意的答案。

当人们告诉我们"头脑风暴没用"时，我们就会发现，他们提出了一个非常糟糕的问题——要不就是问题中已经蕴含了解决方案，要不就是问题本身十分模糊，让人无从下手。当你利用四步法召开头脑风暴会议时，一定要防止出现这些情况。

步骤2：热身

如果你想让大家进行头脑风暴，就某份工作提出有建设性意义的意见，就需要给他们一个过渡空间，让大家进入轻松而充满创意的环境中。他们需要一些支持，通过进行一项过渡活动来转变思维，不再对事情进行分析和批评，而是注重整合信息，并且不掺杂主观评判。实现这个转变，需要每个人的积极参与，也需要做一些练习。一个优秀的头脑风暴会议的协调者要起带头作用，带动大家活跃起来，激发大家的创造力。如果想让一个头脑风暴会议高度活跃，产生大量想法，热身是必需的。

你可以登录我们的网站 www.designingyour.life。在网站上有一个列表，列表内的练习和即兴游戏清单是我们和学生互动时一直使用的，很有效。这里有一个方法可以迅速起作用：给头脑风暴的小组成员每人发一罐培乐多彩泥。自从在肯纳制品玩具公司工作，比尔就爱上了培乐多彩泥。培乐多彩泥非常神奇，它让成人再次变成了一个孩子。当你的小组成员正在进行头脑风暴时，让他们一边玩彩泥一边想主意，我们向你保证，你会得到更多精彩的想法。

步骤 3:集思广益

正如我们在一开始提到的,头脑风暴会议需要有人协调。协调者需要准备好一个房间,准备的房间一定要安静而且舒适,并为每位参与者准备笔、便利贴或纸张,协调者同时也要设计一个问题,组织热身活动,确定会上大家所说的每个想法都被记录在案,并且负责制定会议规则。

我们建议所有的参与者都带着笔和记事本,记录下自己的想法,这样就不用担心协调者的记录速度过慢而影响会议进程,而且也能降低漏掉某个好想法的概率。

* ⋯⋯ * ⋯⋯ *

头脑风暴规则

1. 重量不重质。
2. 不要对他人提出的想法立即做出评判,也不要进行修改。
3. 在其他人的想法上进行创新。
4. 鼓励大家说出大胆疯狂的想法。

"重量不重质"原则有助于小组建立一个共同目标,也有利于正能量的产生。一个优秀的头脑风暴团队会不停地有新想法涌现,会议期间几乎没有间断。

"不要对他人提出的想法立即做出评判,也不要进行修改。"这条原则可以确保头脑风暴会议接受一切疯狂的想法。人们都怕别人说自己愚蠢,而恐惧会让人失去创造力,这条原则能够保证在会议中不会发生这样的事情。

在一个爵士四重奏中,一个独奏者会重复他前面的独奏者的音乐主题。这与"在其他人的想法上进行创新"有着异曲同工之处。我们需要利用小组的集体创意,这条原则能鼓励创意的交流互动。

"鼓励大胆疯狂的想法"并不是因为疯狂的想法本身有什么作用,它只是为了帮助我们摆脱传统思维的束缚。疯狂的想法中往往蕴含着对原型设计最有用的种子。当你突破束缚,提出各种大胆疯狂的想法时,就容易产生出新颖且极具创意的好点子。

步骤4:为结果命名并进行规划

这可能是头脑风暴会议最重要的一步。但我们注意到,这也是被很多头脑风暴小组忽视的一步。在会议结束时，小组成员大多会对贴满便利贴的墙面拍张照片，然后大家击掌庆祝一下就离开了。这样做会使贴在墙板上的信息显得相当"脆弱"，如果不立即进行处理，新颖的好点子立刻就会被大家抛在脑后，而且会后，参与者也不记得头脑风暴会议取得了哪些成果。

因此，你应该对头脑风暴会议上提出的想法进行计数，你需要总结一下，如"我们一共提出了141个想法"。小组成员提出的想法可以根据主题或者范畴进行分类，并分别给它们起一个名字，然后根据最初的焦点问题对结果进行设计。你可以为每个类别取一个有趣的、叙述性的名字，该名字要概括此类别的精髓，然后大家进行投票。投票非常重要，投票时大家不要说话，以防影响他人的选择。我们喜欢使用彩色圆点进行投票，我们经常使用的类别名称如下：

- 最令人激动的
- 如果不考虑金钱，我们渴望做的事情
- "黑马"
- 最可能带来美好生活的

- 如果我们能够无视物理定律，那么……

投票完成后，你再对投票结果进行讨论，讨论过后有可能导致你对这些想法进行重新分类和设计，最后才会决定首先对哪个想法进行原型设计。

在这 4 个步骤的最后，要总结一下，如"我们一共提出了 141 个想法，并把这些想法分成了 6 个类别。根据我们的焦点问题，选出了 8 个绝妙的主意进行原型设计。根据优先顺序，我们首先对……进行原型设计"。通常，你对这些疯狂想法中的一个点子稍做调整，就会变成一个绝妙的主意。例如，在克拉拉的头脑风暴会议中，曾有这样一个异想天开的想法："与 100 位曾为救助女性的非营利性组织出资的捐款人见面。"克拉拉原本可能认为 100 次会面根本做不到，但是能有机会接近一群经验丰富且睿智的捐款人还是非常有吸引力的，由此，她立刻联想到去寻找一个捐助团体，结果她在加利福尼亚妇女基金会也的确找到了这样的团体。

如果你认真遵循这 4 个步骤，就会得到预期结果，你的人生设计头脑风暴会议也一定能够激发大家的活力和动力，实现你的目标，让你获得一些可以进行探索的原型体验。此外，当你需要新颖的想法、得到团体的支持，或者只是想和你信任的人一起为你的生活增添一些乐趣时，都可以进行这个练习。

你也可以把奥德赛计划陈述会和原型体验头脑风暴会议结合在一起召开。如果这样既能给你反馈，又能直接对你的人生设计提供可行的原型设计，那么你的合作者也一定会倍感荣幸。

小练习　　**原型设计及体验**

1. 回顾你的三个"奥德赛计划"，并针对每个计划分别提出问题。
2. 列出一个原型对话设计表，帮助你回答上述问题。
3. 列出一个原型体验清单，帮助你回答上述问题。
4. 如果你陷入了困境，并且你已经召集了一个优秀的头脑风暴小组，那么召开头脑风暴会议可以让你得到各种可能的解决方法。（找不到团队？那就试试思维导图。）

5. 积极寻找一些人进行人生设计采访，并亲身参与体验，打造你的原型体验。

第 7 章
成功求职的秘密

史蒂夫·乔布斯和比尔·盖茨从来没有写过简历，他们没有去过招聘会，当然也不曾花心思写过一份语气完美、内容完美、封面完美的简历。在人生设计中，并不存在"完美"。90% 的美国人在找工作时使用的标准模式也不是完美的，据统计，美国人求职的成功率不到 5%。没错，90% 的人正在使用的方法，其实成功率可能只有 5%。

库尔特在耶鲁大学获得了建筑学学位，后来又在斯坦福大学设计学院获得了设计学位，随后他做了两年研究员。刚刚结束研究员工作时，他的妻子桑迪怀孕了，于是他们决定离开硅谷，搬到佐治亚州的亚特兰大，在桑迪的家乡附近安家。一堆耀眼的学历让库尔特觉得自己肯定能找到一份自己喜欢的工作，并且得到不错的薪酬。库尔特知道如何像设计师一样思考,但是在他刚到佐治亚的时候,他感觉他需要向自己、妻子以及周围的亲戚证明他是在非常认真地找工作,而且能够快速找到工作。于是,他开始忙碌起来,并且做了很多功课,精心整理适合他的各种职位。最后,他挑出了最适合自己的职位空缺,递出了38份工作申请以及38份精心设计的求职信。

库尔特本该轻易打败其他求职者,得到超过他预期的工作邀请,但事实并非如此。在他投递出的38份申请中,有8家公司简单地用电子邮件回绝了他,另外30家公司根本没有回应。8家公司拒绝,30家公司没有理会他,没有面试,没有工作机会,没有跟进电话,这让他很失望、很伤心,他担心自己没有能力养家糊口。库尔特毕业于耶鲁大学和斯坦福大学,他找工作都这么难,我们又会如何呢?

库尔特找工作的方法正是大多数人都会做的——我们称之为"找工作的标准模式":先在互联网或者公司网页上查找公司招聘列表,然后阅读工作要求,确定这份工作对自己来说是很"完美"的,再递交简历和求职信,等着招聘经理给你打面试电话。

之后,是等待。继续等待。

问题在于，52% 的雇主承认他们只会对极少一部分投递简历的申请者进行回复。

标准模式的失败率之所以这么高，是因为采用这个模式的人都错误地认为，适合自己的完美工作就在那里，正等着他。

读懂职位描述之外的含义

现在，在谈到找工作时，人们首先想到的就是网络，而且对此寄托了全部希望。其实，这是又一个思维误区罢了，它不仅会让你大失所望，而且会让你变得士气低落。

大多数好工作都不会公开招聘。一些新兴公司（将来的某一天有可能成为下一个谷歌或者苹果公司）里让人感兴趣的职位在招到人之前也不会被公布在网络上。员工不足 50 人，没有人力资源部门的公司通常都是令人向往的，但这类公司并不会经常招人。大型企业内的好职位一般只进行内部招聘，大多数外部求职者是看不到的，其他职位也只会在进行口碑宣传或在社交媒体进行宣传时才会被公布到网络上。因此，在网络上你找不到好工作,即便你朋友的哥哥告诉你他是如何在网上找到不错的工作的,也不要轻易相信。

当你在网络上找工作时,你会花费大量时间精心设计求职信,修改简历,使它适合某个特定的职位描述,管理并跟进几十个在线申请。花费了大量时间和精力后,你投出的简历却杳无音信。一点儿回应都没有,积极的反馈几乎很少出现,这对于原本就令人不愉快的找工作这件事无异于雪上加霜。可见,把网络求职作为找工作的唯一途径其实就是在自讨苦吃。

虽然每周都有数以千计的工作职位在网络上发布,但我们并不建议你把网络求职作为找工作的首选方法。如果你坚持通过网络上发布的职位空缺寻找工作机会,那么我们有几条专业建议给你,希望帮助你提高网络求职的成功概率。

我们必须为所有的人事经理说句话——他们的意图是好的,只是过程出了问题。从中型企业到大型企业,由于平均每年要有数百次的招聘活动,刊登广告、面试以及招聘的过程会重复无数次,因此人事经理不可能有太多时间。没有人想要错过一个优秀的求职者,因此公司在网络上发布职位时,使用的都是通用性的职位描述,以期得到尽可能多的申请。记住,除了招聘工作,人事经理还有其日常工作要完成，因此他们花在招聘上的时间和精力并不会太多。

你有多少次这样想过："我的简历与这份职位描述完美吻合！"于是，你申请了，然后一无所获，甚至连确认对方收到简历的回执都没有。因此，了解一些招聘的内幕信息，对你会非常有帮助，也会减少你在求职中受到的伤害。

1. 网络上的职位描述通常并不是由人事经理或者真正了解该工作的人写的。

2. 职位描述几乎从来不会写出成功获取这份工作所需要的条件。

为了更进一步解释清楚，下面我们将从网络上摘取一些真实的招聘职位描述，从中选取一些内容进行深度剖析。多数职位招聘都会用两个或者三个部分充分介绍公司的要求。

第一部分：岗位要求

首先是职位描述的标题，通常包括如下内容：

xx 公司招聘 xx，要求如下：

- 良好的书写能力和口头沟通能力

- 具备较强的分析能力
- 具有较强的上进心和创造力
- 具有较强竞争优势，能够快速采取行动
- 主动性高，行动力强，注重细节
- 具有创新精神，了解市场
- 热情对待客户

这些岗位要求只是通用信息，根据这些要求，你无法了解某个职位的具体信息。这些是任何一个员工都应该具备的特征，而不是技能。仅仅通过浏览简历，符合这些岗位要求的人也不可能被筛选出来。

第二部分：任职资格

在通用信息之后通常是任职资格，这部分极其严格地列举了应聘者应具备的特定教育背景和需要的技能。

优秀求职者应符合如下要求：

- 本科、研究生或者博士生学历，有10年工作经验
- 5~10年（使用我们仍在使用的软件程序的）工作经验

- 3~5 年（不知名的，有针对性的，只有曾在这里工作过的人才知道如何做的工作的）工作经历

这部分职位描述一般都是根据前一个工作者的技术特点进行描述的，它是属于过去的，它并未考虑将来这个工作岗位可能会发生的变化。比如，6 个月后，当公司从一个软件平台换到另一个平台时，那么之前需要的特定的知识可能就没用了。我们应考虑到，公司在不断发展，办公程序或其他运营方法也在不断进步。

第三部分："是什么让某个候选人与众不同？"

等一下，我们还没说完，职位描述中最让我们感兴趣的部分，是劳累过度的人力资源职员或者办公室经理偶尔在其中添加的一些内容，这部分内容往往会泄露工作的真实情况。例如：

- 这个职位不适合心脏脆弱的人，只适合久经考验的、有过成功经验的求职者。

我们称之为"疯了才会想要这份工作"，它真正的意思是

"这份工作真的不怎么样,只有曾经成功从事这种糟心工作的人方可胜任"。

- 寻找:能够在短时间内完成海量工作的超级英雄

这种对所谓的超级英雄的要求应理解为"这份工作是不可能被完成的,没人能够做到"。

- 除了能够提出完美且激动人心的解决方案之外,和同事分析讨论策略时,你还需要有洞察力和说服力

我们称之为"一厢情愿的"要求。我们从来没有见过哪个求职者因为自己不能提出完美的、令人赞叹的解决方案,就认为自己没有洞察力和说服力。大家都这样认为没有错,但是当你在对求职者进行筛选时,这毫无用处。

需要强调的是,上述要求并不是我们杜撰的,它们都是我们从几家大型招聘网站上摘录的。在我们看来,这些公司的行为并不明智——这样的职位描述不太可能吸引最优秀的候选人。即便如此,仍有很多方法可以帮助你提高在网络上找工作的成功概率。

找工作的首要原则是"适合"

要想获得面试机会，你的简历必须在一堆简历中脱颖而出。所以，你选择工作的首要原则是"适合"。这并不是要你提供虚假信息，而是说，如果你想被注意到，那么你简历中的条件要和招聘公司在职位介绍中的需求保持一致，这也意味着你不需要对你自己拥有哪些方面的能力夸夸其谈，这样只会扰乱"适合性"。

大多数大中型企业在利用网络进行招聘时，通常都会把收集到的简历存储在人力资源数据库或者人才管理数据库中。首次对简历进行筛选的人并不是人事经理。在数据库中，你的简历必须能够通过关键词检索从而"被发现"，而关键词一般都来自职位介绍中的词汇。因此，要想提高自己"被发现"的机会，在简历中你要尽量使用招聘公司在第一部分描述的岗位要求里所使用的词汇。

职位描述中列举的特定技能同样重要，但这通常不是关键。请记住，这些要求是根据当前工作岗位，而不是根据将来的状况提出来的。如果你具备那些技能，当然很好，你可以一字不差地把你所有的能力描述写进你的简历里。如果你没有，就列举一些类似的具体技能吧。根据职位描述，你应尽可能用关键词介绍你的技能。

最后，在"筛选候选人"时，企业就是在寻找技能匹配者。一旦你进入了面试流程，你就要精心设计一个"一致"的经历。例如，你正在参加一个垒球队的选拔，而垒球队经理需要一位投手。那么，你不应和他谈论收集棒球卡的爱好或曾取得一些小型棒球比赛的胜利，也不适合谈论你做棒球形状蛋糕的爱好，你只需谈论投球就可以了。在对候选人进行筛选时，不要谈论你拥有的其他惊人技能，或者如何提高你的现有技能，工作描述中没有的就不要提，不然你可能会给人留下抓不住重点的印象，而且让人感觉你对这份工作不感兴趣。更糟糕的是，你会被认为不善于倾听，因为对方觉得你答非所问。在应聘过程中，你应明白何时该"表现突出"，如果你在一开始便过度展现自己，就会被剔除出候选人的范围。

下面是我们总结的一些小建议，可以帮助你在网络上更有效地找到满意的工作：

建议1：重写简历，使用和职位描述中一样的词汇。例如，把"写作能力强,能与他人进行良好沟通"改成"良好的书写能力和口头沟通能力",把"以客户为中心"改为"对客户友好热情"。这样做,你会提高自己被关键词系统检索到的机会。大胆一些,在这个时候不适合谦逊,毕竟,谁不"具有强烈的上进心和创造力"呢?

建议 2:如果你具备职位描述中提到的技能,那么就写进你的简历里,同样要使用职位描述中所使用的词汇。如果你没有那些技能,那么你可以想办法用同样的词汇介绍你的技能,以便被关键词系统检索到。

建议 3:在你的简历中,着重突出职位描述中提到的关键技能。即使职位描述中不是很精确,这样做也会增加你的简历被检索到的可能性。重点突出你符合公司需求的技能,尽可能利用职位描述中的词汇。你应强调自己可以为公司做什么。在简历或者首次面试中,不要把自己描述成一个通才,要把重点放在满足招聘公司的需求上。一旦你确定自己拥有的技能正是他们所需要的,你就可以展现你的优势,给面试人员留下深刻印象。

建议 4:如果有面试机会,你一定要带一份最新的、干净

整洁的简历。如果你这样做，那么任何见到你的人都会在第一时间明白，即便是一些小事，你也会用心去做。

如果你想借助网络成功地找到工作，还有一些其他事项需要注意，这样可以大大降低你失败的概率。

尽早放弃"超级工作"

根据我们的经验，在招聘广告中发布一些目前正在从事这份工作的人也无法完成的要求，是一件非常普遍的事情，这种要求只是经理层一厢情愿的想法，它的过程通常是以下这样。

简（辞职的员工）是一个非常优秀的项目经理，但是，公司希望她更加擅长 X、Y 和 Z 类的工作。现在，她离开了，因此公司准备再招聘一个"超级简"。于是，公司在招聘广告中不仅列举了简曾经的工作内容，而且乐观地列出了他们希望她能做的事情。

"超级工作"的招聘信息被公布出去后，公司通过关键词系统收集到了大量简历，而后对候选人进行了电话筛选，并且开始安排面试。一个又一个候选人参加了面试，但都被否决了，因为他们不是"超级简"。这很正常，因为能够胜任这份新工作的人不会接受他们曾付给简的报酬。像这样的面试过程通常都不会成功，而且面试团队和候选人都心力交瘁，却没有人应聘成功。

作为一个求职者，对于这样的面试，你一定要尽早发现、尽早放弃。

尽早发现的一个方法就是多做研究，看看这条工作招聘信息公布多长时间了。在一个运行良好的劳动力市场中，一条工作招聘信息公布的时间不会超过 4 周（最多 6 周）。另一个方法就是看看有多少人已经参加过面试了。这两个数据都可以让你初步了解幕后到底发生了什么。你可以向参加过面试的人询问。如果他们也在等待回复，那么他们可能也会觉得这家公司并不可靠。

根据我们的经验，如果已经有超过 8 个人饱受这场面试的折磨，而且公司还没有确定人选，那么这个招聘过程可能已经失败了。这也预示着此公司不是一个很好的工作地点，你应该尽快离开。

蒙人的"幽灵"招聘

有一类招聘信息也要引起你的警惕。很多公司都有这样一个原则：招聘员工必须公示招聘信息。据称，这是为了招聘到最优秀的人才。但是，很多时候经理们心中已经有了确定的人选，这个人可能来自公司内部，也可能来自公司外部。为了应付公司的制度，人力专员会写一份十分详尽的职位描述，内容和他们准备选定的人的简历完全一致，然后将"幽灵"职位进行公示，之后再进行一些形式上的面试，顺理成章地雇用他们此前内定的那个人。因为职位描述与提前选定的人的简历完美匹配，因此人事经理能够"证明"他们雇用了最符合要求的人。

这样的"职位"空缺实际上并不存在，但你看到它的招聘信息时则会认为空缺实际存在，结果你投递了简历后却收不到任何反馈。或者，他们会通知你面试，浪费你的时间，然后杳无音信。判断这种情况的一种方法就是看看招聘信息会在公司网站上留存多长时间。如果只存在一两周，那么这很可能就是虚假招聘信息。

知名公司里的"假阳性"和"伪阴性"

如果你正在向一家知名公司投递简历，有一件事需要特别注意。知名公司一般都是非常受欢迎的成功企业，如谷歌公司、苹果公司、脸书以及推特公司，很多人都想在这样的企业中工作。问题是这样的公司人才济济，杰出的候选人也供过于求，它们的优秀候选人远超出招聘职位的需求。因此，这样的大公司从来不愁招聘不到人才，它们唯一恐惧的是招到一个不合适的人。如果一家公司误认为某个应聘者很杰出，而实际上这个人能力非常一般，这就是"假阳性"——对这家大公司来讲，那就是一场招聘噩梦。

一次错误的招聘代价将十分惨重，结果也令人痛苦，因为解雇员工并不是一件容易的事情（劳务诉讼费用前所未有得高）。另外，如果解雇了不合格的人，你就要重新招聘，之前正在做的重要工作也会半途而废，导致效率低下、费用增多，各种损失不可胜数。在招聘中，大公司通常会采取各种方法避免出现这种情况，比如高度容忍"伪阴性"情况的发生——错误地认为一个真正优秀的应聘者能力不强。放走一个优秀的人才对于这些大公司来说损失并不大：它们拥有大量的优秀应聘者，漏掉少数几个总比招聘到平庸的人损失小。因此，大公司的招聘程序通常是非常严格的，经常有杰出的人才被拒绝，而且毫无理由。你也可能会遇到这样的情况——这些公司通常能够招到几乎完全符合他们苛刻且不切实际的招聘条件的应聘者。因此，如果你不符合它们的需求，或者只是晚几天投递了简历，那么即使你是一个优秀人才，你也可能一点儿机会也没有。它们不在意是否漏掉了某个人才，因为它们并不是非你不可；这只是一个明智的商业决策，因为这些公司非常成功，因此特别受欢迎，这也是发展的必然结果。

这是个重力问题，你对此无能为力。如果你想进入一家优秀的企业工作，你就必须参加它们的游戏，遵守它们的游戏规则，并且要具备它们需要的优势。记住，它们想要雇用杰出的人才。如果你通过努力，成功通过面试，那么这样的公司将是一个非常棒的工作场所。如果你想在一家知名企业工作，那么你最好与公司内部的人取得联系，然后利用原型对话的方法——私人联系会带给你巨大帮助。我们支持你去尝试——很多知名企业的员工都非常热爱他们的工作，但你一定要做到心中有数，而且不要过分在意结果。

让工作更完美

你可能已经注意到了，职位描述显然遗漏了下面的内容：
- 能够把工作观和人生观联系起来
- 坚信发挥自身优势，通过正确的练习，就能够成功地完成任务
- 诚信度高、学习能力强、主动性高（其他方面我们可以进行培训）

在完美世界中，这样的招聘才有用。

实际情况是：公司发布的职位描述"虐人"至深，但它们并没有为有潜力的员工提供任何有用的信息。它们还会讽刺并评论描述中提到的超级英雄和应聘者的胆量。我们在关注网络招聘时发现，没有一个职位描述可以解决我们一直在谈论的任何一个问题。这些职位描述并不会谈及更深层次的问题，如我

们为什么工作或者为谁工作。令人惊讶的是，竟然有人想要申请这样的工作。

记住，人生设计者不会寻找重力问题的答案，我们也不打算去"修正"网络招聘信息。但是，即使网络上刊登的招聘信息一点儿作用也没有，当你和正在进行招聘的公司进行交流时，他们提供的招聘信息也可以作为潜在的对话起点。

认知度是人生设计的关键，特别是当你对职业进行设计时，尤其如此。如果你了解公司如何进行招聘、如何撰写职位描述、如何阅读简历、如何进行面试（从雇主的角度），那么你找到工作的概率就会大大增加。在设计思维中，同理心也是非常重要的因素。可怜的人事经理经常被海量的简历淹没，而同情他们、理解他们，将会有助于你设计一份更有效的求职简历。

> 思维误区：找工作时，首先关注你自己的需求。
>
> 重新定义：你应该关注的是人事经理的需求——他想找到一个合适的人。

总之，没有完美的工作，但你可以让工作变得足够完美。

第 8 章
好工作是设计出来的

> 思维误区：我理想中的工作就在那里等着我。
>
> 重新定义：你需要通过积极寻找和再创造，设计你的理想工作。

前面的章节讲述了许多，那么，既然你的理想工作不会在家门口等着你，你怎么才能找到它？我们必须澄清一点，那就是没有所谓的理想工作。没有独角兽，也没有免费的午餐。你能够找到的是大量让你感兴趣的工作。有好的公司、好的同事，才会有好工作，而且是你真正热爱的工作。这就是我们能够帮助你发现的"理想工作"，但就目前而言，你几乎看不见它们，因为它们存在于隐形就业市场中。

正如我们前面提到的，我们不建议大家通过网络寻找工作。实际上，在美国，公布到网络上或其他地方的招聘信息中，只有20%的信息是有用的，剩下的80%的工作机会，通过大家熟知的标准模式是无法找到的。这个数字令人震惊，这也难怪有那么多人在找工作时不断被拒绝，让他们感到崩溃。

你如何才能叩开隐形就业市场的大门？你无法做到。没有人能够做到，因为根本就不存在叩开隐形就业市场大门的事情。隐形就业市场的大门只针对特定人群开放，这些人已经就某类工作形成了一个专业关系网。这是一个内部知情人的游戏，作为求职者，你不可能打入这个关系网内部，但作为一个感兴趣的询问者——某个正在寻找故事经历（不是工作）的人，你却有可能撕开一条裂缝。事实也的确如此。令人惊喜的是，了解自己潜在工作兴趣时所使用的最佳方法（通过人生设计采访进行原型设计，具体内容详见第6章）在这里同样适用。一旦你知道自己到底想要什么，这个方法就是你进入隐性就业市场的最佳方法。例如，库尔特毕业于耶鲁大学和斯坦福大学，他投递了38份简历，但一份工作邀请也没收到，用传统方法找工作的失败让他非常沮丧。当意识到自己在找工作过程中要运用设计思维时，库尔特便停止了投递简历，开始进行人生设计采访。他对自己特别感兴趣的人一共进行了 56 次诚恳的原型对话，通过这 56 次对话，库尔特收到了 7 份高品质的工作邀请，他接受了其中一份工作。他现在所在的这家公司不仅离家近，而且他的上班时间是弹性的，收入也十分丰厚。这份工作是关于环境可持续设计的，正是他感兴趣的领域。他之所以能获得 7 份工作邀请，并不是通过找工作，而是通过询问 56 个人的故事经历得来的。

记住，在人生设计采访（一次原型对话）中，你需要做的就是了解一个能够帮助你发现你想要的工作的特定工作或者人，而且，最好以后想办法找机会亲身实践一下这样的工作。在进行对话时，你真的不是在找工作，你是在询问故事经历。"但是，"你可能会说，"你刚刚说库尔特通过 56 次的人生设计采访，得到了 7 份工作邀请。那是怎么回事？怎样实现从听故事到找工作的转变？"问得好！这个问题很重要，答案很简单，它绝对出乎你的意料。

大多数时候，答案是和你谈话的人帮你找到的。"库尔特，你似乎对我们的行业非常感兴趣。从刚才和你的谈话中，我发现你非常了解我们现在所做的工作，你想过到我们这种公司工作吗?"

如果你通过人生设计采访得到了一份工作邀请,那么通常都是对方主动找你的,你不必主动。如果他们没有主动,你可以问一个问题,把谈话方向从了解他们的经历引向找工作。

"对贵行业的环境我了解得越多,遇见这个行业的人就越多,我也就越来越有兴趣。埃伦,我想知道,像我这样的人,怎样才能进入这样的公司呢?"

就这样,你一提出"我想知道像我这样的人,怎样才能进入这样的公司呢"这个问题,埃伦就知道是时候改变态度了,她会把你看作一个应聘者,开始对你进行评估。这意味着她开始发挥判断力,没关系,只要时机恰当,你就要努力争取。

注意,你不应这样说:"哇,这个公司太棒了,你们还有空缺吗?"原因上面已经提到了,答案当然是"没有"。"怎样才能够进入这样的公司呢?"是一个开放性的问题,这比直接问对方有没有空缺获得工作的机会要大得多。如果你和埃伦已经成为朋友,并赢得了她的尊重,那么她会坦诚地告诉你相关情况,并提供支持帮助。在某些情况下,埃伦甚至会说:"我们目前没有任何招人的计划,不过,你认识绿色空间公司的人吗?我觉得你也挺适合他们那里的工作。"

这是常有的事。

顺便说一下,在库尔特收到的 7 份邀请中,其中有 6 份,他当时都没有向采访对象询问职位空缺的问题,他只是了解了对方的经历,反而是他们主动问他的。在他接到的这 7 份邀请中,只有一家公司公开发布了招聘信息,其余都在隐形就业市场中。即使就这一份邀请,也是在他已经和该公司的首席执行官安排了人生设计采访后才公开发布的。他们的谈话进行得非常顺利,在该招聘信息公开发布的时候,库尔特已经得到这份工作了。

哦,关于库尔特,最后还有一个小小的趣闻要讲一下。在他应聘时,一共有 5 位董事会成员对他进行了面试,他们的第一个问题是:"面对这里的已存续多年建筑圈子,你觉得自己能够和圈中人建立伙伴关系吗?毕竟,你刚刚搬到佐治亚州。"库尔特看了看大家,他发现,5 位董事会成员中,他已经和其中三位一起喝过咖啡了,于是他回答说:"嗯,我已经成功地和你们其中的三位接触过了,我也很高兴能够代表公司继续扩大这种联系。"是的,他通过了面试。但是在着手做这一切之前,他必须建立广泛的人际关系网。

发挥人际网的作用

当库尔特努力设计完成原型谈话时,他不得不和各种各样的人接触、建立联系、获得推荐。为了得到推荐,库尔特不得不"广撒网"——他不仅要联系熟人,还要和熟人认识的人取得联系,甚至要在网上寻找陌生人进行交流。他向懂行的人咨询——如果他想更多地了解亚特兰大地区的可持续发展建筑领域,他应该向谁求取经验。这的确很难,库尔特不喜欢这个过程,但是它很有效,而且也是必需的。

现在,人们一提到"关系网"就感到十分厌恶——它会让人联想起虚伪自私或唯利是图,前者通过不正当手段获得他们不应该得到的东西,后者经常利用别人。但是,这样的人毕竟是极少数。下面我们将赋予关系网一个全新的形象(重新定义),看看是否会改变你的看法。

> 思维误区：关系网就是一群虚伪的人。
>
> 重新定义：关系网只是为了咨询方向。

回想一下，当你正在住所附近的街道上走路时，一辆陌生的车慢慢靠近你，停了下来，随后车窗被摇了下来，车上的司机一脸苦恼地看着你。当然，你的第一反应可能是躲避，或者掏出胡椒喷雾剂，但是绝大多数人的第一反应是"他是否需要帮助"。

车里的人迷路了，他想问你去最近的咖啡店怎么走。你会怎么做？没错，如果你认识路，就会告诉对方，帮他找到正确方向。也许他们还会问你这家咖啡店怎么样。之后，他们离开了，你继续走路。当离开后，你有什么感觉？你会感觉被利用吗？如果他们第二天不给你打电话或者不在网上关注你，你会生气吗？如果他们更关注咖啡店而不是你，你会愤怒吗？当然不会，因为你们不是朋友，你们还没有建立联系。给他人提供帮助只会让你感到高兴。大量研究证明，绝大多数人都乐于助人。人性本善，我们是社会性动物，互相帮助能够让我们心情愉悦。

在亚特兰大，库尔特找不到进入当地可持续建筑设计领域的路。你可能也不知道如何去香港纳米技术区，如何在堪萨斯州的威奇托寻找喝手工精酿啤酒的人，那么你会怎么做？当然是向当地人问路，让他们给你指明方向。获得引荐，认识一些人，倾听他们的经历，这就相当于在职场上问路。所以，行动起来，去问路，这没什么大不了的。

"关系网"与其说是一个名词，还不如说是一个动词，我们让你问路，并不是让你"利用"关系网，而是希望你加入关系网。简单来说，就是进入一个特定的领域（如可持续建筑设计领域），进行一场特殊的谈话。人类活动的每一个领域都是人与人聚集而成的关系网，这种关系网是社会结构的一部分，它包含、凝聚了一部分社会力量。我们就是斯坦福大学"关系网"中的一员，这个关系网把我们紧密联系在一起。硅谷的"关系网"是由一群带动科技产业繁荣发展的人构成的不受束缚的群体。大多数人都会有两张关系网：一张是和同事建立联系的工作关系网，另一张是由朋友和家人构成的私人关系网。不同行业的人能够彼此认识，最常见的方式是通过私人关系网引荐。这里不存在任何偏见——大家都是这么做的，通过私人或者工作关系网来介绍新人进入某领域的多方交流是一桩好事。关系网的存在就是为了支持该领域内的人完成工作，关系网也是进入隐形工作市场的唯一通路。

事实证明，互联网的确可以帮你找到工作，但不是让你利用网络搜索招聘启事，而是让你通过网络发现并联系一些人。贝拉是我们几年前的一个学生，她最近打电话给我们，说她发现这个方法对她特别有用——她弄清楚了自己想要做的事情（在发展中国家进行影响力投资），并进行了人生设计，然后针对该领域三个收入丰厚的职位递交了申请，其中就包括她现在所在的公司。这家公司她以前从未听过，但她进行了200次谈话就找到了这份工作。6个月，200次谈话，这是真的。

据贝拉说，在这200次谈话中，其中超过一半的人她是通过谷歌和领英网站发现并取得联系的。在任何时候，只要有可能，她就会通过关系网请人进行推荐。人际关系网彻底改变了我们认识特定人群的方式。有很多书和网络教程会教你如何有效利用这些社交工具（人际关系网提供的一些内容特别有用）。如果在人际关系网或者谷歌上，你成了一个超级明星，那么网络带给你的益处将是巨大的。

你寻找的是工作机会，而不是工作

全美高校和雇主协会（NACE）是一家非营利性组织，成立于 1956 年。该协会每年都会就应届毕业生就业情况做一份数据统计报告，包括新近毕业生的平均薪水、雇主急需的高级技能，以及毕业生在找工作时优先考虑的事情。猜猜看，2014 年的美国大学毕业生在找工作时，最先考虑的是什么？

工作性质

工作性质居首位，位列第二、第三名的分别是薪水和同事的友好程度，这是一种完完全全的思维误区。

之所以这么说，是因为在你真正接触一份工作前，你根本不可能了解它的"工作性质"。在大多数职位描述都不准确的情况下，还有很多人因为某份工作"不适合"自己，一开始就将其排除在外了（他们根本不知道自己拒绝了什么）。这是一个相当令人讨厌的"先有鸡还是先有蛋"的问题，会让你和很多潜在的机会失之交臂。这就是当你对职业进行设计时，下面这个重构最为重要的原因：你从来都不是在找工作，你寻找的一直是工作机会。

> 思维误区：我正在找工作。
> 重新定义：我正在寻找大量的工作机会。

乍一看，这两者好像没有什么大的区别，其实不然。重新定义后，你考虑的不再是工作，而是如何处理求职信和简历、如何进行面试、如何结束面试以及最后获得机会。这种重新定义能够影响你的心态，让你不再纠结于是否接受这份工作（你还完全不了解的工作），而是充满了好奇心，想要看看在这家公司中，你可以发现什么有趣的机会；而且，找工作时，你不会再带着评判、消极的心态，而是会进行积极的探索。

当你找工作时，如果你关注的焦点是工作，你就会围绕着工作本身，试图说服人事经理雇用你，向他们传达你对这份工作的强烈渴望。由于你对这份工作的性质并不了解，所以你必须假装充满激情，让他们相信你。换句话说，你要么得说谎，要么放弃申请。

没有人喜欢说谎。

但是，当你的目标是获得尽可能多的工作机会，而不是工作时，一切就都会不同，你就没有必要骗人了。你可以真实地表达出你对这份工作的好奇心，因为你确实想要对这个工作机会进行评估。这不是语义上的问题，这是一个"真诚"的问题。当你转变心态，寻找工作机会，而不是工作时，就会变得更真诚、更有活力、更坚毅，也更开心。有趣的是，这样做反而会让你获得工作聘书。公司是在招聘人，招他们认可的人。

我们再说一下好奇心。好奇心是人生设计需要具备的最重要的心态。不管你是准备就业、跳槽，还是重新创业，你都需要拥有旺盛的好奇心。原型设计谈话和原型设计体验最主要的内容就是：以开放的心态和十足的好奇心面对一切可能性。我们把它称为"追逐潜在的精彩"。也就是说，你需要问一下自己："在这个公司里，我发现有趣事情的概率有 20% 吗？"如果答案是肯定的，那么你还有什么理由拒绝它呢？发现乐趣的渴望会让你表现出旺盛的好奇心，愿意在这个公司内寻找潜在的精彩。

就第一份工作而言，如果你没有做过深入调查，没有争取过这个工作机会，那么你就不可能了解它的性质。从一份错误的职位描述中根本看不出工作的性质。只是猜想某份工作是什么样的，具体工作是什么，这只是你一厢情愿的想象，并不能说明你对工作有所了解。

在得到一份工作之前，你不会对它有太多了解。因此，任何工作机会你都要珍惜，它们当中很可能就有适合你的工作。没错，只是有可能。也许某一天，大学毕业生最关注的不再是工作的性质，而是人生潜在的精彩；不再是先入为主的看法，而是更多的可能性。

库尔特与他人进行了真诚的对话，并且找到了一份具有良好发展前景的工作——你也可以。我们知道这很难，我们知道这需要你做很多功课，有时还会让你感到恐惧。但是，这个过程真的非常有趣，也是我们能够打开隐性就业市场的唯一通路。从某种程度上来讲，这就像一个数学游戏——你建立的联系越多，你设计的原型就越多，你获得的工作机会也就越多。请思考下面两种情况。

38份申请，一无所获。

56次谈话，7个机会，一张良好的工作关系网。

你会选择哪种？决定权在你。

利用设计思维不仅能大大提升你获得第一份工作的可能性，它还有助于你做出改变，设计下一份工作，创建能够同时体现你的工作观和人生观的事业。实际上，我们推荐它，是因为这个世界上没有什么能够拯救你的魔法，诸如"你梦想的工作已然存在，正等着你发现它"这样的想法无异于童话故事。

对"伟大的、接近梦想"的工作设计和人生设计没什么区别，它们都需要你像设计师一样思考，找到正确的方式，通过原型设计，做出最佳选择。

所以，好好学习，认真思考吧。

第 9 章
主动选择幸福

我们前面已经论证过了，设计一项事业和一种生活，你不仅需要很多选项和更佳的替代方法；同时也需要具备做出正确选择的能力，并有信心践行这些选择。这就意味着你要接受这些选择，事后不进行自我批评。不论你从哪里开始，以及你现在的生活和工作是什么情况，我们都可以确定，在设计人生的过程中，每人都有一个目标——幸福。

有谁不想幸福呢？我们希望自己幸福，希望我们的学生幸福，我们也希望你幸福。

在人生设计中，要想让自己幸福，意味着你要选择幸福。

选择幸福并不意味着你许个愿就可以到达幸福的彼岸了，拥有幸福的秘诀不是做出正确的选择，而是学会如何选择。

你可以完成人生设计中包含的各种事项——提出想法，原型设计，付诸行动，但这并不能保证你会幸福，会得到你想要的，因为是否能获得幸福和得到想要的事物与未来风险无关，也与你是否选择了正确的替代方案无关，而是与你如何选择以及如何去实践这些选择相关。如果选择不当，那么你所有的努力都会白费。与其说你是做出了错误的选择，还不如说你在心态上有偏差。一个好的、健康的、明智的人生设计选择过程对获得幸福至关重要。许多人正在使用的选择模式不仅无法让他们从中领悟到真谛，而且他们在做出选择后，也毫无幸福感可言。研究表明：一个人无法得到幸福，是由于他不了解重要选择的设计步骤。

> **思维误区**：要想幸福，我就不得不做出正确的选择。
> **重新定义**：没有正确的选择——只有好的选择。

选择四步骤

在人生设计中，选择过程包括 4 个步骤：首先，你需要收集并创建一些选项,然后进行筛选,缩小范围,只留下几个最佳选项,再进行最后的选择。最后一个要点是,冥思苦想,做出选择。你要审慎思考自己是否选择对了。实际上,我们会鼓励你花上几个小时、几天、几个月,甚至几年去认真思考这个问题。

人们可能会用好几年时间苦苦思索他们做出的选择,但是这样的思考太浪费时间了。当然,我们不希望你这么痛苦,这也不是人生设计选择过程的第四个步骤。

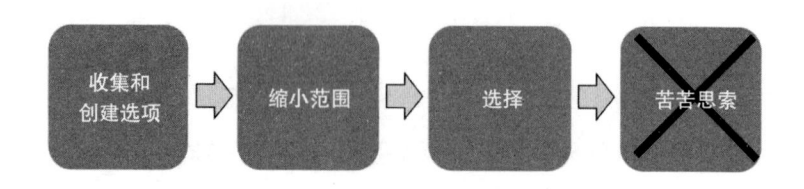

收集和创建选项 ➡ 缩小范围 ➡ 选择 ➡ ~~苦苦思索~~

在这个过程中,第四个步骤其实是让你放弃一些不必要的选项,向前看,直至完全接受你最后的选择。

你需要理解每一个选择步骤,能够鉴别领悟"选得好与不好"之间存在的重要差别。你要明白,选择恰当就会获得幸福,创造美好未来;选择不恰当,就会给你带来不愉快的体验。

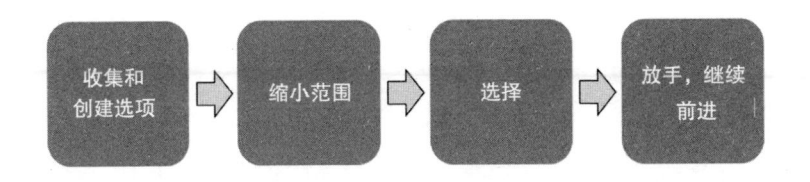

```
收集和        缩小范围       选择        放手，继续
创建选项                                  前进
```

步骤1：收集和创建选项

收集和创建选项是本书一直在探讨的问题。深刻认识自己，探索自身与周围世界互动的选项，进行原型体验设计，这些方法都有助于你在人生设计中生成你的思路、可替代的方案或各种可靠的选项。当然，在这个过程中，你要保持旺盛的好奇心，寻找各种潜在可能的精彩之处，注重行动，不要思虑过度。在这里，我们不再花更多的时间讨论选项如何生成，只是再次提醒你，写出你的工作观和人生观，绘制思维导图，制订三个奥德赛计划，就对话和体验进行原型设计。这些方法都可以帮助你生成选项，你可以在生活的各个方面使用它们。

步骤2：缩小范围

一些人认为他们没有足够的（或者没有任何）选项，另一些人和很多设计师则认为选择太多了。如果你自己想不出选项,那么可以回过头去看看我们在步骤1中给出的建议——花些时间非常有必要,多想出一些主意和选项。创建一张你真正喜欢的事项列表,这可能需要几周或者几个月的时间,没问题,毕竟你在设计你的未来,不可能一夜之间就完成。

现在,如果你的列表上有了足够多的选项,那么你就要为所有的潜在可能性纠结了。仔细思考其他人给你的建议,以及你在生活中可能做的事情……这可能会让你不知所措,你发现自己无法做出选择,或者无法自信地做出选择;你会觉得自己的"功课"做得不够,没有清楚地了解每个选项:"要是我有更多的信息,并且更清楚地了解这些选项,那么我就知道该选哪个了。"然后你开始做更多的研究,进行更多采访,切身体验更多原型设计。结果还是没有用,这是因为信息不足通常不是核心问题。大多数人在做重大决定时,都会尽可能做足准备,但我们不可能了解所有的信息。实际上,调查表明,我们更清楚自己不知道什么,而不是知道什么,于是我们以为,更多的研究会有帮助,但事实并非如此。如果你无法做出选择、你会停滞不前,这是因为你列表的长度以及你和所有选项之间的关系导致的。为了更清楚地说明这个问题,下面我们一起来看看"果酱实验"。

希娜·艾扬格是哥伦比亚大学商学院的教授,也是一位著名的心理学家和管理学家,她专门研究决策力。在心理学领域有一个经典的"果酱实验",就是由她主持设计的。在一家零售店内,研究人员摆出了6种不同口味的果酱(都是一些新奇口味的果酱,如猕猴桃-橙子味、草莓-薰衣草味……你懂的),然后观察顾客如何选择,看看有多少人试吃,以及试吃的人当中有多少人真正购买了果酱。第一周,研究人员展示了6种果酱,有40%的顾客停下来试吃,有13%的顾客人购买了其中的一种。

几周后,在同一家零售店的同一时间段,研究人员又摆出了24种口味的果酱。这次,大约有60%的顾客停下来品尝——

试吃人数是上一次的 1.5 倍。但只有 3% 的顾客购买了其中一种果酱。

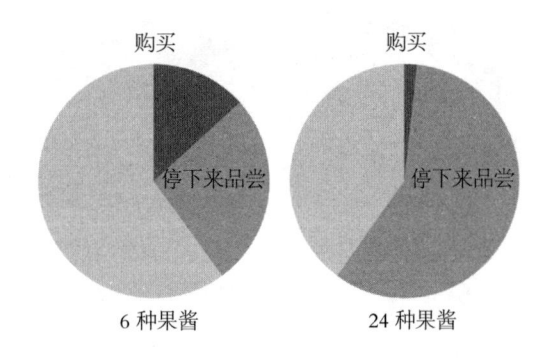

购买　停下来品尝
6 种果酱

购买　停下来品尝
24 种果酱

这个研究说明了什么？首先，我们喜欢拥有许多选择（"哇！24 种口味的果酱！去看看！"）；其次，选择太多会导致我们无法做出决定（"这么多，不知道买哪个，还是去买奶酪吧"）。事实上，如果选项只有 3~5 种，那么绝大多数人都能够有效地做出选择。如果面临的选项数量超过了这个区间，我们的决策能力就开始下降；如果选项太多，我们就无法做出选择了。这是人类大脑的反应方式。我们喜欢做选择，现代文化也推崇提供多个选项——"获得多个选项！保留选择权！不要封闭自我！"我们总是能够听到这样的想法，听起来似乎没错，但若要做出一个恰当的选择，有太多选项就不是一件好事了，很多人都面临着选项过多的困境。

如果你意识到选项过多就意味着没有选项，那么你就会重新思考这个问题了。如果选项过多，让你望而却步，无法做出选择，那么，你等于一个选项都没有。记住，选项只有被选择、被实现，才能够创造价值，有益于你的生活。我们经常告诉学生，选项的存在是为了被选择。因此，当你面对24种口味的果酱时，其实你一种都选不出。一旦你明白了在决策时，"24等于0"，你就能轻松地进入下一个步骤：缩小范围。

面对如此多的选项，你需要做些什么呢？很简单，删除其中一些选项。把所有选项做成分类列表，每个类别再分成更小的子列表，这有助于你了解每类选项中的优先选项。但是，你仍会因为选项过多而崩溃，这时就需要你删除其中一些选项了。怎么删除？在列表中画掉一些就可以了。

如果你的一张列表中有12个选项，删掉7个，重新写一遍，只保留5个选项，然后开始第三个步骤。

很多学生和客户听到这个主意后，通常会感到不安。

"不能删掉那些选项！"

"要是我删错了怎么办?"

我们理解大家的感受,但你要记住,如果选项太多,就意味着一个选择也没有,所以实际上也就没什么可怕的。另外,你不会删错的,这就是典型的"比萨-中餐效应",我们都有过这样的经历。例如,艾德来到你的办公室,问你:"宝拉,我们要去吃午饭,一起去吗?"

"当然!"

"我们打算去吃比萨或者中餐,你喜欢哪种?"

"都可以!"

"好,那我们吃比萨吧。"

"不,等一下,我想吃中餐!"

在这种情况下,当你给出了第一个答案"都可以"时,你以为那就是你所想的,直到别人说出你不喜欢的决定时,你才知道你自己有所偏好。可见,只有在选择后,你才会意识到自己的偏好。因此,当你缩减列表范围、删除选项时,实际上你什么也没有失去。如果你删错了选项,随后你会发现的。如果你的列表中有 12 个选项,先不要管对错,你必须删除其中 7

个，然后重新写一张只包含 5 个选项的列表；如果错了，你会知道的。当我们告诉你一定要相信自己的时候，请相信我们。如果你面对这 5 个选项依然无法做出选择，那么最常见的一个原因是你对删除的 7 个选项无法放手，删除它们让你感到十分痛苦。如果是这个原因，你一定要想办法解决——你可以把那张写有要删除的 7 个选项的列表烧掉，过两天之后再回过头看看保留下来的 5 个选项，不要想着这张列表是删减后的，把它当作一开始只有这 5 个选项。但是，面对这 5 个选项，如果你不知道自己到底喜欢哪个，或者看不出它们之间有什么区别，那么你会发现自己处于"不能失去的境况"。这就意味着，这 5 个选项对你来说都具有战略性的价值，它们没有实质上的明显差别，它们都有用，需要你继续思考。

关键是，你在离开商店时能够挑选出一瓶果酱带走。

步骤 3：明智地选择

一旦你完成了前期的选项收集和缩减列表等工作（是的，你希望在前期收集很多选项，却无法做出选择，那是因为你需要从这些选项中进行挑选），就可以开始下一步了：真正做出选择。这一步有一定难度。

要想恰当地做出选择，我们需要知道，在选择过程中大脑是如何工作的。我们怎么才能做出恰当的选择呢？目前，科学家对大脑的研究取得了前所未有的进展。1990年，约翰·迈尔和彼得·沙洛维合写了一篇影响巨大的学术论文，提出了"情商"（EQ）的概念，并指出情商在获得成功和幸福过程中的重要性——在很多情况下，我们的情商和智商（IQ）同样重要，有时甚至比智商更重要。1995年，《纽约时报》的科学作家丹尼尔·戈尔曼在他的著作《情商》中推广了这一概念，自此情商成为一种文化现象被普及开来。

在大脑中，帮助我们做决定的部分位于基底神经节，它从远古时期起就存在于大脑底部，这个部分是通过情感交流和原始而美好的直觉感受来传递信息的。戈尔曼把人类大脑中具有选择引导功能的记忆叫作"情感智慧"，即在生活中积累下来的对我们的生活有用或者无用的体验，以及我们在对决策进行评估时用到的经验。我们自身的智慧通过情感（精神）和直觉（身体的本能反应）发挥作用。因此，为了做出正确决定，我们需要了解自己对选项的情感和直觉反应。

前面介绍了当我们纠结于一个决定时通常呈现出的错误反应："我需要更多的信息。"我们现在明白，实际上这是大脑对我们发出的干扰——当我们努力思考、试图做出恰当选择时，大脑就会不停地干扰我们，妨碍情感和直觉在决策中的作用。得到有用信息的确非常重要，你可以做大量功课和笔记、设计电子表格、进行多方比较、与专家交流，等等。但是，一旦完成这些工作，我们就需要发挥大脑智慧中枢的作用了，阅历丰富的情感认知体系能够帮助我们分辨出更好的选择。

　　在我们看来，辨别能力就是决策力，即可以利用多种知觉方式处理问题的能力。我们大多数时候使用的是认知能力，这种能力是非常可靠的、客观的、有条理的，并且以大量信息为依据，它可以帮助你在学校得到"A"。但是，我们也有其他一些与情感相关的知觉方式，包括直觉、精神以及情绪知觉，还有社会知觉（对他人的）和运动知觉（身体内部的）。戴夫有个朋友是一位技艺精湛的临床医学家，当她向病人了解重要情况时总是感觉到她的左膝盖疼，她自己也不知道这是怎么回事。经过一年多的观察后，她逐渐相信她的膝盖反应会带来暗示，因此，她变得更加明智，为病人提供的服务也更好了。

步骤 3 的关键是通过运用多种知觉方式，做出精明的决定，不要单纯地依赖认知判断。虽然认知判断会涵盖大量信息，但它并不完全可靠。我们也不建议单纯地依靠情感做出决策。感情用事同样会带来诸多麻烦，这样的例子我们有很多。因此，我们并不是让你不用大脑，仅用你的直觉来做决策；我们希望你在做决定时，能够充分发挥所有的决策能力，让你的情感和直觉认知方式都能够发挥作用。

要想让多种知觉方式共同发挥作用，需要培养并且完善你的情感/直觉/精神知觉方法和意识，最常见的方法是进行个人修行方面的练习，如记日志、祈祷或者冥想，同时结合身体练习，如瑜伽、太极等。

虽然我们无法对你进行专业培训，但是我们依然鼓励你做这些练习，因为这类练习能够充分调动你的情商。每天忙得团团转、夸夸其谈，或者在网上冲浪，这种情况无法激发出你的智慧。平时，我们经常进行个人修行练习，尤其是在工作不忙的时候，我们就会集中精力进行练习，获得内在的力量和平衡。你不要在压力很大、事情紧迫的关键时刻寻求心灵上的提升。做出决定会产生压力，因此要想做出恰当的选择，最佳时机是你不需要做出选择的时候。如果你希望自己能明智地做出决策，就要提高自己的情商，关注内在心灵的成长。

准备步骤3的最佳时间是在开始选择前的几个月，甚至几年。这就意味着现在就是开始准备的最佳时间。

下面这个方法是关于如何让情商发挥作用的，大家可以尝试一下。这个方法，即神交，重点强调了如何利用你的情商。

神交

20世纪60年代，美国著名科幻小说家罗伯特·海因莱因在《异乡异客》中发明了"神交"（grok）这个词，借以描述火星人的知觉方式。这个词意味着对事物的理解十分透彻深入，已然深入其中，与之融为一体。在书中，因为水在火星上是稀缺物，火星人不知道水是什么，也不理解"喝水"的含义——他们通过与水"神交"，彻底了解了它。现在，这个词已深入美国的文化领域，也得到了广泛应用。"I grok that"（我深知它的真意）有点儿类似于"I get that"（我明白了），但"I grok that"是"I get that"的加强版。

当你经过认真思考，从缩减后的选项列表中做出选择时，你已经从认知上对这些问题进行了评估，并从情感和理性上仔细考虑过这些选项了，那么可能就到了与之"神交"的时刻了。要想和一个选项达到"神交"的程度，你就不能单纯地思考它——你要和它融为一体，成为它的一部分。下面我们以你已经拥有的 3 个选项为例，做进一步解释。从 3 个选项中选取一个，不要对它进行思考。然后在接下来的 1~3 天里，假设自己最终确定了这个选项，我们把它称为选项 A，选项 A 的情境就是你现在的真实生活，让自己真实地体验这种情境——从早上刷牙开始就让自己生活在选项 A 的情境中，比如在路边等红灯时，你就正向着与选项 A 相关的目的地前进。你心里一定要清楚：在头脑中把自己认定为正生活在选项 A 的现实情境中。不要从真正的现实角度去考虑选项 A，也不要把自己当作一个苦苦挣扎的选择者，你就当自己已经选择了选项 A，并在这种情境中平静地生活着。在选项 A 的生活中体验 1~3 天（时间长短取决于你）后，休息 1~2 天，回归到自己原本的生活中，然后重新开始。和选项 A 一样，依次把选项 B 和选项 C 当作现实生活去体验，两次体验之间同样要休息一下，最后对这些体验进行反思，看看你最想成为哪种人、最喜欢哪种体验。这个方法不能保证你会成功，但是通过这些体验，你将明白情感、精神、社交以及直觉等各类知觉方式在选择中的作用，我们可以利用它们弥补认知知觉在评估上的不足。

步骤4：放手，继续前进

在我们开始步骤4的讨论前，有必要解决一个问题：为什么步骤4不是"苦苦思索"？"苦苦思索"通常是这样的：

"我做得对吗？"

"这真的是最佳选择吗？"

"要是我选择另一个选项，又会怎样？"

"我想知道，我是否可以重新来一遍？"

如果你不理解我们现在正在谈论的内容，那么你非常幸运，你要感谢你有一个睿智的大脑，请跳过这一部分。其实，我们经常听到有人抱怨他们在做决定时会苦苦思索决定是否正确，这是因为他们在意自己的生活，也在意他人的生活。我们都想尽自己最大的努力，为将来提供最佳的可能，我们都想做出恰当的选择，但我们不可能马上知道我们所做的选择是否恰当，没有人能够准确地预测未来。那么，如何战胜这种决策后出现的痛苦纠结呢？

对一个选择感到满意的最佳方法就是做出最佳选择，这似乎是一件显而易见的事情，但你不可能做出"最佳选择"，因为在所有的结果一一呈现之前，你不会知道最佳选择是什么。根据当前了解的情况，你可以努力为了最佳选择而奋斗，但是如果你的目标是"做出最佳选择"，你永远不会知道自己是否已经做到了。由于你无法获知自己是否做出了最佳选择，你就会一直纠结于自己是否选对了，然后不停地在心里想着已经放弃的选择，这就是"苦苦思索"。因为总是想着放弃的选项，你就会对已经做出的选择感到不满，无法集中注意力，进而无法全身心投入已经做出的选择。

哈佛大学的丹·吉尔伯特在一项研究中阐述了"对选项放手"的作用。研究中，他请人们根据自己的喜好，对莫奈的 5 幅作品按照 1~5 的顺序排名。他同时告诉这些参与者，他这里恰巧有这些作品的复制品，参与者可以把被自己排在第三名或者第四名的画作的复制品带回家。当然，绝大多数人都拿走了被他们排在第三名的作品。有意思的是，研究人员又告诉其中一部分人，如果他们愿意，稍后可以替换他们已经选好的画作；而另一部分人则被告知，不管他们选取哪幅画，都不能够更换。

几周之后，研究人员对这些参与者进行了回访，结果发现和那些不能更换画作的人相比，那些被告知可以稍后更换选择的人（即使他们没有更换）对自己选择的画作满意度更低。研究结果表明，可更换性并不利于增加人们对某个选择的满意度。显然，反复考虑或保留选择权会让我们心生怀疑，降低我们已做选择的价值。

更糟糕的是，心理学家巴里·施瓦茨在他的著作《选择的悖论》中告诉我们，人类大脑在做决定时具有的这个瑕疵，它所带来的负面影响还包括在我们面对众多选项时（甚至当我们以为自己已有无数选项时），我们对自己做出的选择的满意度也会下降。我们拥有的选项、我们拥有保留权的选项，就连我们从未验证过的海量选项，都会降低我们选择的满意度。世上可能有亿万个不错的选项存在，但我们却没有选择过——这种看法会严重降低我们对自己所做选择的满意度。

关键是，那些想象出来的选项事实上并不存在，因为它们不可操作。你并非生活在幻想中，你努力设计的是一种真实的生活。如果你非要给自己增加负担，拼命去了解你选择的每个细节，去发现每一个可能的选项（当然，如果你正准备做出"最佳选择"，那么你可以这样做），那么你永远不会做出决定。在人生设计中，我们知道有无数种可能性，但不应受这个事实的阻挠。我们应尽情探索其中的可能性，然后确定一个选项，采取行动。只有真正行动起来，我们才能够铺设前进的道路。学会对不需要的选项放手，前行的道路就会越走越顺。你要相信，将来你将拥有更多的选项，不要急于一时。选择幸福，并且满意于自己所做的选择，这一点至关重要。

所以，在心存疑虑时，请放手，继续前进。就是这么简单。

我们不是让你假装自己不知道那些选项的存在，或者假装自己不会有任何发现。我们想表达的是，你拥有一条更明智的人生路，让你提高自己的能力，成功实现你的梦想，并且带给你幸福感和满足感。

对自己好一点儿，对多余的选项放手，对列表进行精简，将其缩小到一个可支配的范围（最多 5 个选项）；尽你所能做出最恰当的选择，然后根据自己的时间和资源，实现目标，打造自己的人生路。注意，如果你正在利用一个原型迭代、重复体验的方式采取行动，那么在你真正实施重大投入前，就不用承担什么风险，因为你可以在体验中进行自我调整和适应。当你苦苦思索一个问题时，你要把精力集中在努力实现自己的决策上来。在前进的过程中，学会专注，努力学习，不要后悔自己所做的决定。

这一步骤的实施主要取决于你是否自律。当你忍不住想要重新开始或者反复思虑的时候，一定要战胜自己。同时，你也需要他人的支持——找一个人生设计伙伴或者团队帮助你，时刻提醒你。你还可以分类记录自己做出的决定，当你感到困惑时，就再次阅读自己写下的内容，看看当时你为什么会做出这样的选择。

思维误区：幸福就是拥有一切。

重新定义：幸福是断舍离。

避免过度思虑，学会放手

安迪曾是一名优秀的医科大学预科学生。他对未来有两个打算，还有一个备选方案。他为自己定下了一个重大使命——促进完善美国医疗保障体系。

安迪明白，若要改革医疗保障领域经济结构比例失调以及穷人看病难的局面，就要对医疗保障体系进行大规模的改革，大幅度改善预防保健护理和健康管理体系。他认为有两个途径可以助他实现目标：成为一名具有影响力的医疗政策制定者，或是成为一名医学科技企业家。安迪明白，只有真正进入医疗保障领域才能够引起重大变革。关于医疗科技，他知道新科技能够带动行业改变，但医疗科技的发展取决于市场，而不是政策。

他的备选方案"成为一名医生"听起来有点儿好笑。外科医生是一份多么令人尊敬的职业，尤其是在他出生的那个亚裔大家庭中。他的备选方案只是给自己上了个保险，他认为，作为医生，他也能够在工作中施加一些影响，甚至对他所在的医院或地区产生影响，进行医疗保障的宣传。

对安迪来说，做出选择并不困难。他坚信制定政策是最具潜在影响力的，棘手的是如何实现这个目标。他是应该在大学毕业就攻读公共卫生的研究生，毕业后立刻就去华盛顿？还是先去医学院攻读医学博士——然后再攻读公共卫生的研究生？安迪知道，在医学领域，医学博士更具权威性。虽然在他看来，获得医学博士学位并不意味着能成为一名出色的政策制定者，但是他仍愿意花十年左右的时间拿到博士学位（获得博士学位需要 4 年时间，获得执业医师资格还需要先担任 4~6 年的住院医师。）

这对安迪来说是个艰难的决定——十年后才开始真正投身事业，时间太长了。

安迪十分纠结，他不停地思考，最终也没有决定如何选择。他一遍又一遍地思考，然后不断否定自己的想法。他觉得自己的大脑中似乎装进了一个仓鼠转轮，整晚都在不停地旋转，还能听见仓鼠的尖叫声。

于是，安迪不再思考，他开始与各个选择"神交"，亲身体验每个选项。他发现，医学院情境中的安迪比政策学院中的安迪感觉更好。在医生情境的体验中，安迪依然会焦虑，但他会想："是的，十年是很长的一段时间，但我正在为实现改善医疗保障体系的目标而奋斗。我选择了这条路，就要尽一切努力做好准备、全力以赴。这十年依然会有很多问题存在，但我一定要坚持到底。我只有尽力而为，才能无愧于心。"相反，当他体验政策制定者的角色时，就会想到"没有医学博士学位，大家都不相信我，不接受我的建议，怎么办？"这让安迪感觉糟透了。

之后，他选择去读医学博士，准备用十年的时间成为一个合格的医生，这样才能在将来成为一位更具公信力的政策制定者。那么，既然已经做出了选择，就算完事了，对不对？当然不是。

接下来，安迪必须执行第四个步骤——放手，继续前进。安迪很快就意识到我们为什么给步骤 4 起这个名字了——放手的关键在于继续前进。单纯放手是一件十分艰难的事情，有人会说这不可能。举例来说，现在，请你在心里任意想象，但不能去想一匹蓝色的马。不管你怎么做你都不能去想一匹蓝色的马。

在接下来的 60 秒内，请不要想象一匹蓝色的马。

好了，你做得怎么样？如果你和其他人一样，那么你会发现大脑中全是蓝色的马。这就是让你放手时会产生的问题——越刻意不去想什么，就越是想个不停。因此，放手的关键在于专注于某件事——而不是远离某件事。

对于"浪费人生十年光阴"的担心和焦虑，安迪是如何消除的？安迪意识到，要想摆脱困境，就必须先要认识它，并问问自己："我如何才能够成为一名医生？"

他发现，进入医学院学习可谓一举两得，医学院的学生在住院实习的那几年一直都是做临床治疗工作的。那么，哪个专业与医疗卫生的政策息息相关？哪个医学院和华盛顿的联系最紧密，并且提供公共卫生硕士项目？哪个提供医疗卫生服务的机构可以让他学到更多？当地诊所还是大医院？小城镇还是大城市？在确定了医学院学习会带给他哪些好处，以及怎样才能充分发挥医学院的优势后，他立刻就想出了办法。他卸掉了思想上的包袱，学会了放手。根据医学院学生和住院医师的身份，安迪想出了很多和医疗卫生相关的原型对话方法和原型体验方法。

可见，安迪是一名优秀的学员。

人生设计师不会苦苦思索，他们不会幻想"原本会如何"，他们也不会不停地在脑海中"转轮"。人生设计师明白，无论怎样设计未来，这都是一种冒险，这也是选择幸福的方法。

说实在的，还有其他选择吗？

第 10 章
你可以对失败
免疫

想象一下，如果存在这样一种疫苗，可以让你永不失败。只需要注射一针，你的生活就会一帆风顺，没有任何挫折，成功接踵而至。一段完全没有失败记录的人生，听起来相当不错吧？没有失望，没有挫折，没有麻烦，也不会悲伤，这是很多人梦寐以求的生活。没有人喜欢失败。失败的感觉非常糟糕，失败产生的压力会让你感觉胸闷，透不过气来。

有谁不想对失败免疫呢？

不幸的是，世上没有这样的疫苗，永不失败是不可能的，但对失败免疫却是可能的。我们并不是说你可以心想事成，一切都会按照你希望的方式进行，而是说你可以对失败带来的负面情绪免疫，消除它们给你的生活带来的不必要的负担。我们已经告诉了你很多方法和技巧，如果你能够充分利用，就可以减少失败,这一点非常重要。接下来要探讨的是失败免疫。

为了设计一种有意义的生活,你进行了各种各样的尝试。你进入社会,和朋友、家人亲密相处,充分融入周围的环境,从事着有意义的工作。在人生设计的整个过程中,你都积极采取行动,每当心存疑虑时,你就会想办法去做些什么。

自始至终,你所做的一切都是在培养一种积极的品质,即心理学家安杰拉·达克沃思所说的"坚毅"(Grit)。达克沃思对坚毅的研究表明,在评估一个人成功的潜力时,坚毅的品格比智商、情商更关键。而且,失败免疫可以提高你的坚毅指数。

你要把自己看作一名人生设计师,这一点非常重要。人生设计师都充满好奇心,行动力强,乐于进行原型设计,为自己铺就通向未来的人生路。但是,当你利用这种方式设计你的人生时,你有可能遭遇失败。因此,在人生设计中,明白失败的含义以及如何做到"失败免疫"至关重要。

在生活中,没有人不恐惧失败,这似乎和人们对"美好生活"和"悲惨生活"的基本看法有关。"她是一个成功者(太棒了!)。""他是一个失败者(真糟糕!)。"想象一下,在你的葬礼上,其他人将如何对你的一生进行评论,你这一生是成功的，还是失败的呢？

幸运的是，如果你正在设计你的人生，那么你就不会是一个失败者。在原型设计和体验中，你可能无法实现自己的目标，但你仍可以从这个过程中获益。一旦你能够坚持对生活进行创造性的设计，你就不会失败，你会不断进步、不断成长。不管是成功还是失败，人生设计都可以为你提供不同的体验，让你从中受益。

不要以结果评判人生成败

现在，你一定知道进行原型设计是快速成功的好方法。实际上，小事情和不重要的事情即使失败了，影响也小，而且你还可以从中获得经验教训，帮助自己在重大事情上取得成功。一旦你完成了多次原型迭代循环，就能开始真正享受这个学习过程了。在其他人眼中，原型设计体验可能意味着失败，但对你来说，这都是一次次的邂逅体验。就在我们的一门大型"人生设计"课程开始的前一天，戴夫对其中一个教学活动进行了很大的改动。他有了一个新想法，然后想试试，他甚至没有时间告诉比尔——比尔是在上课的时候和所有学生同时知道的。在戴夫宣布了这个新练习，学生们开始做的时候，比尔走向了戴夫，对他说道："这太好了！我很高兴，在这 80 个学生面前你无惧失败！我没有想过这个练习是否会成功，但我很欣赏你进行原型设计的这种做法。"戴夫和比尔都坚信人生设计的作用，而且他们在课堂上，从来不会就上课方式进行讨论。当你真正理解了设计思维，你对事物的看法就会随之改变。

这是失败免疫的第一个层次——积极采取行动，快速失败，认识到失败的价值在于消除麻烦（当然，你也能从失败中迅速吸取经验，然后改善、提高）。顺便说一下，戴夫在课上尝试的那个练习虽然效果不错，但我们还是决定以后不再使用它了，继续做以前的练习，因为后者更有效。这就是成功！

失败免疫的另一个层次叫作"重大失败免疫"，要想获得这种免疫，你必须明白设计思维中的一个非常重要的定义。你准备好了吗？设计人生本身就是一种人生，因为人生是一个过程，而不是一个结果。

如果你理解了这一点，其他就都不是问题了。

> 思维误区：我们以结果评判我们的人生。
>
> 重新定义：人生是一个过程，而不是一个结果。

人生总是在不断前进，从现在走向未来，变化永远存在，每一个变化都会带来一个新设计。人生不是一个结果，它更像是一段舞蹈。人生设计就是一系列优美的舞蹈动作，不到最后一刻，人生永远不会终止，人生设计也是一样。

哲学家詹姆斯·卡斯写了一本非常有趣的书——《有限与无限的游戏》。在书中，他指出，我们做的每一件事都是一个有限游戏（为了获胜，我们遵守规则），或者是一个无限游戏（游戏中，我们玩的是规则，是为了获得快乐，让游戏继续下去）。比如，化学考试考了 A 是一个有限游戏；了解世界是如何运行的，你又是如何适应社会的，这就是一个无限游戏。你希望孩子在拼字大赛上获胜是一个有限游戏，让你的儿子相信你对他的爱是无条件的是一个无限游戏。生活中充满了这两种游戏。在这里，游戏仅仅是指我们在这个世界中如何行事，以及我们在行动中关注的重点是什么。每个人无时无刻不在玩这两种游戏，不存在哪种游戏更好的问题。棒球运动是一个很棒的游戏，但如果没有规则、没有胜利者和失败者，那么这个游戏也就没有意义了。爱是一个无限的游戏——如果玩得好，就会让它延续到永远。

但这与人生设计有什么关系呢？你要记住自己一直在进行一场无限的游戏，游戏中，你会越来越接近真实的自己，并通过不停地设计来展现自己令人惊叹的一面，这样你就不会失败了。抱着无限游戏的心态，你所做的就不仅是减少失败了，而是真正对失败免疫。没错，你会体验到痛苦、失去和挫败，但这些体验会让你在现实生活中更具复原力。

几千年来，人们一直在一个难题上纠结，做人和做事，哪一个更重要？内在真实的我，还是忙碌的、成功的那个外在的我？到底是哪一个？人生设计认为这种两分法是错误的。因为生活是一个永远无法被"解决"的问题，你只有全力以赴地走下去，让自己生活得更好。下面这个图很好地描述了这个过程。

设计人生时，你是从"我是谁"开始，接着你会想出很多主意（不要一味地等待，妄想好想法会自己出现），然后采取行动，去实现这些想法，并尽你所能做出恰当的选择。在不断体验中，你的身心都得到了发展——你将更充分地展现自我。用这种方法，你的人生将迎来一个高速发展的生长期，也会自然形成做人、做事到转变的循环过程。当更加真实的你（全新的你）进入下一个"做事"环节时，这个过程便会不断重复。

生活中的所有篇章——不管是精彩的、胜利的，还是痛苦的、艰难的、令人失望的，都会带动你不断前进。通过这种方法了解并体验生活，那么在探索世界、积极参与社会的无限游戏中，你就会一直成功。

这种心态是失败免疫疫苗中极其重要的一剂药。

> 思维误区：人生是一个有限游戏，有赢家，也有失败者。
> 重新定义：人生是一个无限游戏，无所谓输赢。

我们已经见证了很多人的成功案例，你完全能换个角度审视失败，彻底改变对失败的看法，获得更加幸福、充实的生活。这也是进行人生设计必不可少的设计工具。

失败是成功之母。我们会犯错，我们都有弱点，我们都有成长的烦恼。我们都有自我救赎的故事。如果一个人生计划过于完美，那么你既不会有任何惊喜，也不会遭遇任何挑战和考验，这样的生活是相当无聊的，它并不算是一个精心设计的人生。

承认人生中有瑕疵、缺点和错误的存在，承认总有事情会超出你的控制范围。正是这些不如意让生活更有价值，这样的人生也是值得设计的。

成长到死

雷德从小就想当班级干部，小学五年级，他竞选了班级干部，但失败了。六年级时，他再次竞选，又失败了。他就这样屡战屡败。高三（美国高中四年制）结束的时候，他已经参加了13次学生干部竞选，但从没成功过。在高四的时候，他决定再试一次——竞选班长。

多年来，雷德的父母看到他不断地遭受打击，非常心疼他，所以，每次雷德宣布"我要再次参加竞选"时，他们都不赞同。但他们非常明智，并没有劝阻雷德，虽然他们希望雷德放弃，不要再撞得头破血流。但是雷德对此毫不介意，他不会改变自己的想法。他认为，如果他坚持下去，就会知道自己到底错在了哪里，而且他相信自己一定会成功，还能从中学到很多东西。在他看来，失败只是人生的一部分。随着一次次落选，失败带给他的痛苦越来越小，他也变得更加勇敢，不断尝试新方法，如看看运动和表演是否奏效。这些尝试大多没有成功，但他依然保持着良好的心态，每次竞选他都全力以赴，展现出最佳状态。高四这一年，他终于成为班长，他十分兴奋——不是因为他获胜了，而是因为他的坚持终于有了回报。

雷德22岁时，他的经历已经十分抢眼——童子军、班长、橄榄球四分卫、入读常春藤名校、团队冠军，不了解他的人都会觉得他是人生的赢家。大学毕业后，他获得了经济学学位，他的人生似乎将一帆风顺。他起初在一家大公司工作，头三年他的事业也发展得很不错。

雷德因工作需要会经常出差。一次去中西部出差时，他发现自己脖子下部长了一个肿块。在午休期间，他去诊所做了个检查，这时他已经订好了三天后回家的机票。结果，医生发现他患有霍奇金病，一种恶性淋巴癌。于是，他回到家后便立刻开始接受化疗。

25 岁得癌症并不在雷德的人生设计中，但现在，它出现在他的生活中。

面临失败不退缩的优势这时便展现出来了。很快，雷德就接受了自己得癌症的事实，并全身心投入治疗。他既没有抱怨，也坚信自己一定会恢复健康。他做好准备投入这场战争。在随后的一年中，他停下了工作，开始进行手术，接受放疗和化疗。虽然年纪轻轻，但雷德已深切体会到了生命的脆弱。

随着治疗的结束，雷德的病症也得到了缓解，但雷德却对未来感到迷茫。实际上，他有一个疯狂的想法——他想花一年的时间，抛开一切杂务去滑雪。他非常矛盾，作为一个事业有成的美国青年，他不应该浪费一年的时间在滑雪上，况且他才大病初愈。但是，他仍决定去过自己想过的生活，而不是按计划生活。

在做决定前,他和一些商业人士进行了原型对话,因为他想要了解人事部经理如何看待他这个决定。交谈后,他认为自己可以冒这个险。大家非常佩服他的勇气,并不认为他在战胜癌症后去滑雪探险是一种不负责任的行为。我们不是夸奖他"战胜了癌症",而是在这个过程中,他能够欣然接受失败,能够从失败中吸取教训,让自己更加强大。他善于从逆境中发现曙光,在面对困境时,他能够设计出更加美好的人生。他没有沮丧失意,也没有纠结于自己的坏运气。

儿时的失败让他对失败免疫,也让他终身受益。几年后,雷德决定实现自己的梦想——为NFL(美国国家橄榄球联盟)的球队工作。在大学时,他曾遇见一位NFL执行董事,通过一些原型对话,雷德在联盟中建立起自己的关系网。他一边给NFL提出一些建议,一边寻找工作。最坏的情况无非是被NFL拒绝,但他根本不害怕被拒绝,所以为什么不试一试呢?

尝试失败后,他立刻放手,迅速调整了方向,开始向下一个备选方案努力。

一年以后,雷德获得了一个帮助NFL球队洽谈球员合同的机会。但在最后一关中，他失败了——他没有得到这份工作。他继续调整努力的方向，向自己的下一个目标前进。最终，他在一家大公司的金融管理部门找到了一份工作。

但雷德仍渴望为 NFL 球队工作。尽管屡次被拒绝，他依然坚持进行原型体验。他和 NFL 的主管们一直保持联系，并把自己花费数百个小时建立的创新运动分析模型展示给他们看。最后，他被一个 NFL 球队聘用了，而且得到的职位比他最早申请的那个还要高。

三年后，雷德发现 NFL 的工作并不是他真正想要的，他再次"失败"了。于是他跳槽去了一家医疗保健公司。他想，如果这份工作还是不适合他，他会继续寻找，他总会找到自己的梦想。

可以说，雷德彻底对失败免疫了。我们不是说他感觉不到失败的痛苦，而是说他不会被失败误导——他从不认为自己是一个失败者，也不会用成败定义自己的人生。失败也会让他有所收获，不管失败还是成功，他都会欣然接受，继续努力前进。

看到雷德，你就看到了一个乐观向上的年轻人的形象。现在的他婚姻幸福，有一双可爱的儿女，他和妻子刚刚买了他们的第一套房子。他在这一家发展前景甚好的新兴公司里负责基因检测和保健的工作。雷德当然很享受目前的生活，他心存感恩，并且深知幸福源于一个人的心态。

这就是雷德成为生活赢家的真正原因。

失败重构练习

达到失败免疫是一个非常高的目标，设立这个目标很容易，但要想实现它就是另外一回事了。失败重构练习可以帮助你达成目标。失败是创造成功的原材料。失败重构是一个过程，通过对原材料（失败）的转化，达到质的飞跃（成功）。这个练习很简单，分为三步：

1. 记录失败的经历。
2. 对失败进行分类。
3. 鉴别出蕴含成长机会的失败。

记录失败的经历

把经历过的失败记录下来。回顾一下过去一周、一个月或者一年，你都经历过哪些失败，然后把它们记录下来，或者创建一个"失败打击全记录"。如果你想从失败中获得成长，并希望使之成为习惯，那么我们建议你在形成全新的思维模式前，一个月至少要记录一次或者两次失败的经历。失败重构是一个非常健康的习惯，养成这个习惯可以让你对失败免疫。

对失败进行分类

对失败进行分类是非常有用的。你可以把失败分成三类，以确定哪些失败可以让你受益。

第一类失败是由低级错误导致的失败，即由你一般不会犯的错误所导致的失败。从这样的失败中，你学不到什么，你只是单纯地做错了。这时，最好的反应是承认自己犯错了，在必要的时候反省，然后继续前进。

第二类失败是由于自身弱点导致的失败。你会反复犯同样的错误，并且非常了解失败的原因。你可能已经非常努力地去改正了，并认为自己有所改善，但防不胜防，你还是失败了。

我们不希望你认输，承认自己表现平庸，但我们觉得对于这种错误，即使你想尽一切办法去改变也不会有什么效果。因为有一些弱点是你天性中的一部分，对你来说，最好的解决方法就是尽量避免接触这类的事情，而不是想着如何改正。

第三类失败是蕴含成长机会的失败，它是一种原本可以避免的失败，或者是以后可以避免的失败。这类失败的原因是可辨认的，而且有补救方法。我们重点关注的应该是这类失败，而不是其他两类失败，因为对于前两类即使我们花费了很多时间，也不会有多少改进。

鉴别出蕴含成长机会的失败

所有蕴含成长机会的失败都会为我们带来改善和提高吗？我们从中可以学到什么？失败的根本原因是什么？下次要采取什么方式呢（成功的关键因素是什么）？洞悉失败，从中寻找促成成功的经验教训，记录下来，应用到生活中去。这就是失败重构，非常简单。

下面的表格来自戴夫的失败记录日志，他的失败记录表几乎是无穷无尽的。

失败	低级错误	弱点	成长机会	领悟
丽萨的生日，晚了一周！	×（啊！）			
最后一分钟才做预算		×		
令人惊讶的电话			×	打电话前对信息和议程进行核查
白蚁、小偷	× ☑ 重要			

　　这一次，戴夫忘了女儿丽萨的生日，一周后才想起来。他不擅长记这种事情，经常忘（他的一个弱点），因此他利用日历提醒自己。但这一年，他在日历上标错了。他在错误的时间精心策划了一顿晚餐，准备带女儿出去过生日——时间是在丽萨生日过去一周之后。由于他那一周很忙，所以他对此毫无察觉。这种彻头彻尾的低级错误应该不会再发生了。另外一个低级错误是他被抢劫了。因为他的房子里出现了白蚁，要进行消毒，他和家人必须搬出去三天，住在临时帐篷里。在这期间，小偷光顾了他们的房子，偷走了所有值钱的东西。一切都

糟糕透了。他怎么会犯这类错误呢？在那三天，他们没有请私人保安看家。但是，谁会为这种事雇保安呢？据警察说，这种被抢劫的情况非常少见（在屋里喷药的时候，没有几个小偷会冒着被毒死的危险偷东西）。虽然这类失败是可以预防的，但毕竟太少见了，因此他也把它看作一个低级错误。

戴夫还不得不熬夜（再次）完成某项预算，因为第二天就是截止日期。戴夫是一个典型的拖延症患者，这是他的顽疾，他想出了各种方法应对，但收效甚微。显然，这里也没有什么好的经验教训可以吸取。就这样，他改不了，这是他的弱点。

不久前，戴夫和一个客户在电话中进行交流。起初，他只是谈到了项目的营销问题，但这名客户突然失控、大发雷霆。戴夫非常震惊。他并不知道该项目的主管工程师已辞职，整个工程一团糟。虽然戴夫打这个电话是事先约定好的，但这个客户之所以愤怒是因为她觉得戴夫在浪费时间。这不是戴夫会犯的错误，实际上他非常擅长客户管理，基本一个星期要通过电话和客户交流几十个小时。但这次是怎么回事？事后他认真反思了一下，他意识到这次错误在于，自己没有事先进行核查就进入了电话议程。戴夫打过的所有电话几乎都有一个议程主题,而且严格规定了时间范围。如果立刻进入议事日程,那么绝大多数时候都没有问题。但这一次他意识到,当他与人会面时,他从来不会直接进入议事日程。

在和客户进行面对面交流时,戴夫都会问候一番,了解一下这个人的近况,而且,在开始着手处理业务时,他总会确认议程。在问候寒暄的过程中,他经常会发现一些重要的信息。但是,这次为了节省时间,他没有进行这样的寒暄。跳过这一步骤显然会冒一定风险,所以,和客户交流前应对信息和议程快速进行核查。这只需要几秒钟的时间,但作用却非常大。

你阅读这5个失败事件的时间可能比戴夫分析它们的时间还要长。这个练习并不难,但回报巨大。如果戴夫放下电话,气愤地说:"她有毛病吗?"那么他什么也学不到,而且下一次还会遇到同样的风险。同样地,如果他不认真思考是什么导致了那次闹心的抢劫,或者自己为什么会忘了女儿的生日,那么他就会永无止境地面临同样的失败和错误。

一个小小的失败重构对培养失败免疫大有帮助,你也可以尝试一下。

…………*

即使你现在拥有理想的工作、美满的生活，也仍然会遇到麻烦。设计师都知道，生活不可能事事都按计划进行，总会有意外出现。当你明白自己是谁，能够设计自己的人生，追求自己的人生时，你就不可能失败。这并不是说你不会犯错，或者说某个特殊的原型会如预期的那样永远起作用。失败免疫源于一种认知，一个原型设计即使失败了，也会让你从中了解一些有用信息，你还可以以此作为前进的新起点。当困难发生时，当你在前进途中误入歧途时，当原型发生意外变化时，通过人生设计，所有变化、挫败都能够彻底转化为对你的生活和工作有益的事情。

人生设计师不会与现实作对。不管发生什么，通过对未来生活的设计，他们都可以获得强大的力量。在人生设计中，没有错误的选择，也不存在后悔与否，有的只是原型设计——一些原型设计会成功，一些原型设计会失败。从失败中我们能够吸取教训，期待下次成功。人生并不只有输和赢，人生是一个不断学习的过程，是一个无限游戏，当我们像设计师一样面对人生时,我们就会时刻充满好奇心,想知道下一刻会发生什么。

还有一个问题,你可以思考一下:如果你不会失败,那么你会做什么?

小练习　　重新定义失败

1. 利用下面的表格,回顾过去一周(一个月或一年),然后记录你遭遇的失败。
2. 按照低级错误、弱点、成长机会的标准,对失败事件进行分类。
3. 鉴别出蕴含成长机会的失败。
4. 一个月做 1~2 次这个练习,养成习惯,从失败中吸取经验,获得成长。

失败	低级错误	弱点	成长机会	洞见

第11章
创建团队

伟大的设计之所以伟大，是因为有一个设计团队存在，他们共同赋予了项目、产品以及建筑生命。设计师信任深度合作，因为真正的创造是一个合作的过程。我们通过合作、与他人交流来设计人生，因为"我们"的力量永远大于"我"力量——这是再简单不过的事实了。

> 思维误区：这是我的生活，我可以独立完成设计。
> 重新定义：要想活出自己的人生，对人生进行设计，就需要与他人进行合作。

当你设计人生时，你就是在进行一种创造性的活动。当你使用设计思维时，你的心态与进行"事业发展""战略计划""生活指导"的心态完全不同，主要区别在于注重设计团队的作用。如果你打算成为一个独立建筑师，那么你需要自己考虑所有事情，像超人一样独立完成设计——所有的一切都由你自己完成。人生设计是设计你的生活，它不可能只与你一个人有关。我们并不是说，你想要自己单独设计，但你的能力不够，因此需要其他人的帮助；我们是说，人生设计从本质上来讲就需要团队的共同努力。当你在创造未来的人生路时，他人的帮助和参与必不可少。你在人生设计中的想法和得到的机会是由你以及整个团体共同创造的。你遇到的、邀请参与的、进行过原型设计的，或者交谈过的人，都会成为设计团队的一员。虽然仅有几个非常重要的人会成为你的主要合作者，在你的人生设计中起到关键而持久的作用，但实际上每个人都很重要。

每个人。

共同创造是人生设计不可或缺的组成部分，也是设计思维发挥作用的主要原因。你的人生设计中不可能只有你，还包括周围的世界——在这个世界上，你和其他人一起创造着你的生活。当你阅读本书时，你的想法和机会、扮演的角色、采取的生活方式，实际上此时在整个宇宙中并不存在——它们正等待着被发明，发明它们的原材料已经被找到，更重要的是，它们已经潜伏在他人的身心和行动中，其中一些人你可能还没有见过。在设计人生时，很多传统方法都不奏效的一个主要原因是，它们都建立在一个错误的观念上，即"你（只有你）知道答案，你拥有资源，为了彻底拥有它，只有你知道如何激发自己的激情"。你一定知道我们现在谈论的这种思维模式，它让你认为，你应该制订一些伟大目标，然后努力去实现。这听起来就像是比赛中场休息时更衣室里的呐喊："走出去！你可以做到！"

但这完全是一派胡言。

想想我们在引言中提到的雅尼娜和唐纳德——他们都有自己的目标，而且很多目标都已经实现了，但是他们依然对未来感到迷茫，他们想知道为什么会对自己的选择不满意，他们想知道下一步该走向何方，他们想知道如何让自己的人生变得有意义。他们认为必须自己找到答案。

如果你发现自己独自站在镜子前，试图解决某个生活难题或是想弄清楚人生的意义，并且一直希望找到一个正确的答案后再采取行动，那么你可能需要等上很长时间了。

所以，不要盯着镜子，你应该看看你周围的人。如果你一直跟着本书的内容走，做本书建议的练习，那么一定有很多人参与了你的人生设计，其中一些人就是你不久前遇到的。你开诚布公地和他人交流了你的现状、你的价值观、你的人生观和工作观，你已经组建了团队，确定哪些人可以参加"美好生活日志"中设计的活动，激发你的活力。你可能也有了一些帮手，帮助你思考备选方案，或者就你的备选方案提供反馈。在你的原型设计中，也出现了很多人，他们可能是你的合作者、活动参与者，也可能是信息提供者。你可能从未想过这些人会成为你人生设计团队的成员，你原本可能只是觉得，只有当你进行原型设计或者做练习时，他们才会出现。

如果这样想，你就没有抓住要领，因为他们是你人生设计团队的一部分。

确定你的团队成员

任何一个人，只要他通过某种方法为你的人生设计尽过力，就应该被视为团队的一员，但是，每个人的角色都是不同的，因此对他们进行分类是非常有必要的。当然，有人可能扮演了不止一种角色。

支持者。支持者包含各种类型的人，不分年龄、亲近程度以及能力大小。支持者是那些可靠的、值得你信赖的人，凡是关心你的人都可以被称为支持者。他们不仅能够鼓励你勇往直前，还会提出具有实际作用的反馈。也许你认为，你的朋友大多会成为你的支持者，但并不是所有的朋友都是支持者——一些支持者可能不是你的朋友但他们在你的人生设计中给予了支持。

参与者。他们会积极参与你的人生设计，尤其和工作、娱乐、原型设计等相关的事情。实际上，他们是和你共事的人，从传统意义上来讲，你的同事就属于参与者。

亲友。亲友包括你的家庭成员和亲属，以及你最亲密的朋友。这些人最有可能直接受到你的人生设计的影响，不管他们是否参与你的人生设计，他们都是对你来说影响力最大的人。如果你的亲友没有直接参与你的人生设计，我们建议你最好让他们了解你的设计。他们在你的生活中占有重要的一席之地，所以设计人生时不要把他们排除在外，因为他们有可能在你的构想、计划以及原型设计中发挥作用。对某件事，他们的看法有时不是很客观，当然，也可能有一些人能够给你提供最大的帮助，你可以向他们求助。在这里，你要承认亲友的重要性，找出他们最有效的、最恰当的角色。设计人生时，不要犯这样的错误——把他们彻底排除在外，直到最后一刻再告知他们，这样的人生设计通常效果都不好。在原型设计中，打算来年脱离社会生活，却不告知你的妻子，想给她一个"惊喜"，这样的设计肯定不会成功。

团队。团队成员是一些能够和你分享人生设计细节的人，并且能够定期与你会面，持续关注你的人生设计的人。最有可能成为你团队成员的人是在你的邀请下，能够对你的人生设计给予反馈，和你一起讨论你的三个"奥德赛计划"的人。

当你在进行人生设计时，你需要一个这样的团队和你并肩前行。他们不必是你最好的朋友，只要是乐于提供帮助、关心你、能够给予你反馈，尊重并关注你的人生设计过程的人就可以，他们也不必为你提供解决方案或者建议。

你知道我们说的是哪类人，他们的面孔可能已经出现在了你的脑海中。一个健康的团队一定要在 2~6 个人之间，其中也包括你自己。这个团队最佳的人数是 3~5 人。如果只有 2 个人，那么对方可能会是一个非常棒的伙伴或是充满责任感的好友，但你们构成的不是一个团队，因为总有一个人是讲话者，另一个人是倾听者，回答的责任就完全落在另一个人的肩上。两个人无法提出足够的想法，只有多人合作才能提出各种想法，满足你对想法多样化的需求。

如果团队由 3 个人构成，那么在活动时会更有活力，也有利于随后展开广泛的谈话。即使后来团队增加到 6 个人，这个过程也可以继续下去。但是，人再多的话，就会发生改变了——超过 6 个人，每个人的发言时间就会受限，大家也无法充分表达自己的想法。而且，团队成员会分化，形成几个阵营，例如，安会强调实用性，而西奥总是支持你创意思考。如果团队规模过大，每个人就会把自己伪装起来，交谈时就会变得畏首畏尾。因此，要想保证团队最大的活力，同时具有最大的创新性，团队人数就要控制在 3~5 个人（这时点一个超大比萨，恰好够分，这也是一大优点）。

团队角色和规则

保持简单化原则。团队关注的重点是支持一个有效的人生设计，无关其他。团队成员不是你的治疗师，不是你的金融顾问，也不是你的精神导师，他们是你人生设计的共同创造者。在这个团队中，只有一个角色需要明确，那就是团队的协调者，由他来确定聚会时间和聚会时你们都做什么。通常情况下，这个人就是你自己。如果你能够安排聚会日程和交流事项，那再好不过了，这样，你就可以确保团队活动正常进行。但是，你也可以请其他成员做会议协调者，或者让大家轮流做协调者。谁做协调者不重要，关键是一定要有人注意时间安排、会议议程和谈话内容。

谈话是最重要的。你必须注意，协调者不是队长、裁判，也不是指挥。你只是想要他人参与谈话，关注事情进展，确保每个人都有发言的机会，维持谈话秩序，不错失任何关键的想法和建议；当多个问题和注意事项同时出现时（经常发生），帮助团队确定要继续讨论哪个。在斯坦福大学组建的团队中，我们只使用了以下 4 个规则。

1. 尊重

2. 保密

3. 积极参与（不退缩）

4. 生成性（建设性的，不质疑，不评判）

寻找人生导师

在人生设计中，导师具有非常特殊的作用。如果你能找到几位导师参与你的人生设计，那么最终成功的概率便会大大提高。近几年，请专家指导变得非常流行。关于指导，我们想和大家分享一下我们的想法，这对我们的客户和学生很有帮助。

引导和建议。引导和建议是完全不同的两个概念。引导是他人努力帮助你发现自己的想法，而建议是他人告诉你他的看法。有一个非常简单的方法可以区分建议及引导。

当有人说"如果我是你，我会……"这样的话时，你得到就是一条建议。当有人说"如果我是你"，那么他真正要表达的意思则是"如果你是我"。这就是建议的关键所在，建议者会告诉你，如果他处于你的情况会怎么做，并且希望你在生活中也采取同样的做法。有人给你建议很好，但在接受建议时，你需要谨慎。如果有人给你建议，你要设法弄清楚建议者的价值观，以及他有哪些经历让他确信自己的建议有用。

我们知道，急诊医生会郑重地建议大家："不要骑摩托车，否则你会成为器官捐赠者。"在摩托车事故中受伤的人大多死于脑损伤，所以急诊室医生的建议是可以理解的，这是一个非常理性的建议。但是，我们认识一位来自美国东海岸的艺术家，他创作过很多成功的画作，他的灵感完全源于骑摩托车的体验。每年，他都要骑行 3 万~10 万英里，体验大自然的一切以获取灵感。他这样坚持了 30 年。急诊科医生和艺术家都没有错：摩托车的确比汽车危险，但骑摩托车也是了解世界、了解他人的好方法，两者都对。重点是，这个建议和你有什么关系？

通常来讲，好建议应由专业人士给出。你可以就纳税申报的问题向专业人士咨询，也可以就受伤的膝盖向医生咨询是做手术还是进行物理治疗。但对于人生设计，没有谁敢自称专家。有人会说："我接受了一个糟糕的建议。"这样的说法并不属实——他可能得到了一个很好的建议，只是这个建议不适合他。很多人都会热心地为你提供建议，但你一定要谨慎对待。

引导则完全不同——引导总是有益的。你一定要了解自己的想法，明确自己的优势和看法。如果能够找到某个人，既可以给你有益的引导，又能让你头脑清醒、心态稳定，那么你就拥有了一笔巨额财富——这就是导师的作用。我们认为，合理的指导主要是指引导。引导一开始总是围绕问题展开，其目的是准确了解你的情况，包括你的言行以及正在经历的事情。好导师通常会就同一个问题多次进行提问，而且每次提问的角度都不同，以确保能真正理解问题。他们通常会对你所说的话进行总结，或者重述你所说的，并问你："我说的对吗？"这种方法会让你觉得他们关注的焦点是你，而不是他们自己。

当导师对你进行引导时，他们的价值并不在于他们列举的事实或是他们知道问题的答案，而是他们可以帮助你从全新的视角了解你的现实情况。好导师多数时候都在倾听，然后重新整合定义你的情况，帮你打开思路，想出对你有用的解决方案。

当然，这只是我们的建议。

辨别能力。做选择时，在进行辨别的过程中，导师的作用尤为明显。准备做出重要决定时，你的大脑中就会充斥着各种声音，让你绞尽脑汁、多角度思考、权衡利弊。当你举棋不定时，就是你需要导师的时候。导师会倾听你的心事，帮助你进行分析，辨别哪些是大事、哪些是小事、哪些事无关紧要。好导师在你咨询时，会非常谨慎，甚至有一些恐惧。对问题进行分析并区分优先次序往往能看出一个人的偏好。好导师不会告诉你必须做什么，他们会谨慎从事，避免对你造成过多影响。他可能会说：我觉得你升职后搬到北京是一个恰当的选择，我注意到，每次你谈到中国都非常兴奋，如果是这样，你就可以尝试一下了。

长期打算和短期目标。导师有很多种形式。有些人非常幸运，能够找到一个真正的导师关心他们的生活，陪伴他们度过人生。此外，还有在某方面能给予你帮助的导师，如养育孩子、金融、心理支持等方面。你还会找到一些临时导师或周期性导师，如孕期指导、工作实习指导、护理指导、搬家指导。这里没有任何硬性规定，能够给你提供指导性帮助的人都可以充当你的导师。

现在，你可能想知道去哪里寻找导师。找到一位好导师不容易，但能够提供有效指导的人还是比较多的。很多人阅历丰富，善于倾听并且愿意提供咨询，但他们并不认为自己能够充当导师，或者不擅长进行指导性的谈话。那么，这类导师就不是我们所说的"大师级"的导师。

这个时候就轮到谦虚的被指导者入场了。你不需要大师级的指导（当然，大师级的指导也很好，如果你认识他们，一定要好好把握），你真正需要的是能够给你提供指导的人。你必须主动，当你确定某个人能够充当你的导师时，就要想办法和这个人取得联系，进行交流，寻求帮助。更确切地说，你要通过导师的洞见和经验帮助你厘清自己的思路。例如，

"哈罗德，我对你养育孩子的方法很感兴趣，坦白讲，初为人父让我手忙脚乱。方便的话，能请你喝杯咖啡吗？我想听听你的建议。"

当然，哈罗德会答应你。你们见面后，哈罗德告诉你一些经验后，你可以继续问他："我觉得我家宝宝和你的孩子完全不同，但你是一个有经验的爸爸，也许你可以帮我们分析一下

我们现在做的事情中哪些最重要。"

哈罗德过去可能从未想过这些事，但他会尽力为你提供帮助。如果他也不知道该怎么办，那么你可以再找其他人试试。渐渐地，你就拥有了一个稳定的导师团队，也就不必期待大师级别的导师了。

积极组织社群活动

其实，与人生设计团队及合作者共处是非常刺激的，而且鼓舞人心。这种支持以及充满诚意和尊重的倾听，正是我们希望你在做这个练习时能体验到的。成为一个社群的一员是有特殊意义的，这也是人类应有的生存方式之一。

在一个社群内，大家不仅能分享资源，而且可以持续参与彼此的生活。我们强烈建议你把参与社群活动作为固定的练习，而不是在制订计划或者开始新的尝试时才想到加入某个社群。

想想看，哪些持续性的活动能够帮助你不断成长，并让你保持对人生设计的热情？确定这样的活动在人生设计过程中非常重要。在这里，我们强烈推荐社群活动。

当我们谈论一种持续性体验时，如果不考虑临时的人生设计团队，那么这个"社群"到底指什么？从前，一些人属于某个社群是指去同一个教堂，或是属于某个家族，也可能因为共同的爱好走在一起。但今天，很多人很难找到一个可以经常聚会、分享、交流的地方。要想组织一个这样的"社群"，你需要找到一群人，他们应具备如下特点：

目的相同。组建社群的目的不能是为了聚会而聚会。戴夫组建社群的目的是希望大家更有凝聚力，活出自我。比尔组建的"好爸爸"社群是为了让大家互相支持，成为更优秀的男人。有效的社群都有明确的使命，这个使命指引着社群成员，鼓励大家朝着目标前进。比尔和戴夫所建立的社群也会参与其他社会活动和娱乐活动，但他们永远不忘初衷知道自己"为什么相聚于此"。

定期见面。社群成员应找一个固定时间，定期见面。只有经常碰面，大家才能维持交流的一致性和连续性，让参与本身成为一种习惯。社群成员不能是为了完成某个临时目的而聚集到一起，社群建立的原因应该是，参与者一致认同有群体支持的生活方式，成员间应保持经常性的联系。

共有立场。除了达到共同的目的，在价值观或理念方面进行分享也是非常有帮助的。在比尔的"好爸爸"讨论组中，大多数人都希望成为一个优秀的父亲，他们承诺自己会绝对诚实，并且乐于尝试新事物和动手实践，比如让某个人装死，然后大伙一起评论他，就好像他们正在为他举办葬礼一样。只要你还活着，就可以修改关于你的悼词内容，因此每个人都会认真倾听，然后看看自己在其他人眼中的形象如何。共有的立场让社群中的所有人团结在一起，大家可以一起确定某些事情的优先顺序和协调问题。

了解与被了解。有的社群以活动内容或过程为主，有的社群则以人为主。我们现在所探讨的社群大部分是以人为本的。比如，你可能正在参加一个读书俱乐部，聚会前大家都会做充足的准备，认真思考作品的叙事方式以及社会现状，并进行讨论。讨论时，你们也许会品一点儿小酒，大家都彼此欣赏、畅所欲言，这样的俱乐部的确很不错。但这并不是我们所说的"社群"——它真的很不错，大家有共同的目的（共读一本书，然后进行讨论），共同的理由（读书会使人更睿智、更开明），经常聚会（每个月的第一个星期二），但大家并不会参与彼此的生活。在这种社群中，大家根本不需要相互了解就可以聚在一起，彼此间也不会有私人性质的对话。在我们看来，一个社群没有必要全部由熟人组成，但是成员间还是应该交流一些私人信息，比如最近在忙什么等。

一个社群是否会成为一个高效率的团队，关键不在于其成员是否专业、是否见多识广，而是在于大家是否有正当的动机和出席率。如果成员彼此之间能够分享生活的点点滴滴，对自己坦诚，对他人真诚，那么这样的社群会更有益处。你可能对牙医学一点儿也不感兴趣，但在聚会时，有一位牙医待人真诚，认真对待自己的工作，那么和这样的人在一起你也会受到感染，收获颇多。而即使一个人与你志趣相投，志同道合，但聚会时表现得并不真诚，那么和这样的人交流就明显不如和牙医交流有收获。这不是要求大家毫无保留地吐露所有的情感和情绪，但在社群中，你和他人应互相了解，适度的了解会让团队更有凝聚力。

接下来，想想过去几年你都参加了哪些不同的小组。在一些小组，你会和大家一起探讨对人生的看法；在另一些小组，你们会探讨各自真实的生活。显然，二者的区别很明显，前者就像评论家，后者则是参与者。社群需要大家的参与，这才是你要寻找的团队。

在本书中，我们希望帮助你找到或是创建一个这样的社群。如果你参加了一个读书俱乐部，那么可以推荐大家读一读这本书，看看有谁愿意和你一起设计人生。人生设计是一段旅途，独自前行会失去很多乐趣。

现在，我们希望把你吸收进我们的团队，邀请你参加我们的社群。详情可以登录 www.designingyour.life。

小练习   组建一个团队

1. 列出 3~5 个可能成为你的人生设计团队成员的人。他们可以是你的支持者、好友、导师或潜在的导师。如果他们也能够积极地设计自己的人生，那就太好了。

2. 保证你的每个团队成员都有本书（你可以送

给大家），这样大家就会明白人生设计是如何发挥作用的，并且了解团队的角色和规则。
3. 社群成员一定要定期会面，一起创造美好的生活。

结语

你一定能设计出美好的人生

  精心设计的、和谐安定的生活是什么样的？想象一下，把一块蛋糕切成几份——一份代表事业，一份代表健康，一份代表家人和朋友，还有一份代表娱乐。那么你切的每一块都大小均等吗？其实，只要你多花一点儿时间，多付出一些努力，生活就会更美好。你应多多运用设计思维，不要思虑过度，不要纠结，不要悔恨，不要总是哀叹"我原本能够……"，这样才会拥有更多幸福。

  想想看，一天中你有多少时间花在了娱乐上？有多少时间花在了发展事业上？有多少时间花在了建立人际关系上？有多少时间花在了关注健康上？对未来的原型设计上你又花了多少时间？你的"蛋糕"分得怎么样？

告诉你个小秘密：实际上，完全平均的分割根本不存在。虽然生活的这4个方面都很重要，但你不可能对它们投注相等的关注。

所谓的平衡发展，是指你在一段时间内的均衡发展。

人生设计同样需要经历时间的洗礼。

比尔·盖茨于2015年重回世界首富的宝座，但他也没有办法在任何时候都兼顾工作与慈善这两个领域。1985年，他推出了Windows操作系统；1986年，他带领公司上市，但那时的他并不是一位慈善家。可以这么说，他当年没有能力在培养人际关系以及应对政府对他的垄断指控上投入等量的时间。

均衡就是一个神话，纠结于均衡只会让你痛苦不堪。

正如我们前面所说的，我们不会对抗现实，活在现实中意味着看清并接受当下的自己。人生设计真正能够回答的问题是："你最近怎么样？"

如果用这样的方法进行人生设计，那么有一天当你离开人世时，你的亲友会在悼词中这样说："总的来说，他这一生还算不错。"

我们不想有人在我们的葬礼上说"戴夫擅长写作和沟通"，或者"比尔善于选择优先事项，并迅速采取行动"。生活不仅仅是薪水及工作业绩，我们还渴望被爱，为世界做出贡献。我们希望尽自己所能，让我们的人生有足够的目标和意义，幸福快乐地度过一生。

你只有在回顾往事时才会明白，人生设计不仅是一个"名词"，它还是一个动词。

> 思维误区：我完成了人生设计，艰难的部分已经完成，从此将一切顺利。
>
> 重新定义：人生设计是没有尽头的——生活是一个有趣且不间断的设计项目，我永远在前行，永不停歇。

你阅读本书或许是为了改善自己的现状，或许是因为生活中发生了重大的改变，这个改变可能是你自愿的，也可能是生活强加给你的。你有需要实施的重要计划以及不得不做的选择。一旦你做出选择,你的生活将会彻底改变,由此,新的设计会取代旧的设计——这是一个重大的转变。你能够感觉到它,但是人生设计不会停止。

因此,如果说寻路就是开始人生设计,那么人生设计不仅是为了解决问题,它也是一种生活方式。设计思维之所以能够在"人生设计"中发挥重大作用,原因之一就是它非常人性化。1963年,当斯坦福大学首次开设人生设计课时,其中唯一的方法就是"人本设计"(HCD)。在当时,这是对古典设计方法的严重背离——古典设计方法强调以技术、艺术、工程或生产为中心。斯坦福大学教授在对设计方法论的早期探究中,很好地坚持了"以人为本"的设计重心,对人性也有了很好的了解。因为你的生活只能是一项关于"人"的事业,所以坚持人本设计理念意义重大。

进一步讲,在人生设计中,我们只解决了一个问题,即如何设计你的生活,而不是告诉你应该过什么样的生活,或者这种生活比另一种生活好的原因。

蒂姆是我们的朋友,他大学学的是电子工程专业,毕业后去了硅谷工作。他就职的第一家公司是个新兴公司,发展迅速,刚刚上市,他负责设计最前沿的微处理器。但是,在他的第一个设计被取消后,他对自己天天加班,即使周末也不休息的那段日子重新进行了思考,最后他得出结论:以后,工作不再是他生活的重心,他会更加注重娱乐和人际交往。他意识到,他需要做出很大的改变。

之后,蒂姆跳槽去了一家发展比较成熟的公司,获得了一个令人羡慕的高级职位,然后在这个职位上工作了将近20年,他也成为公司备受尊重的技术专家。虽然他有好几次得到更好职位的机会,但他都拒绝了。

"你不得不赚足够多的钱支付账单,满足自己的生活需求。"蒂姆说。对他来说,这意味着能够供养家庭,让孩子接受良好的教育,在伯克利市有一所不错的房子。"除此之外,我希望有更多的时间享受生活,结交朋友。金钱、升职以及更多的责任并不会激发我的积极性,对我来说,舒适的生活的关键是幸福感,而不是工作。"

蒂姆的人生设计起作用了。我们认识很多生活与事业和谐、平衡的人,蒂姆就是其中之一。他是一个好父亲,社会活动丰富,有很多朋友,几乎每周都会去玩音乐,而且他还有自己的鸡尾酒博客——用来宣传他发明的鸡尾酒。蒂姆非常爱读书，在他的"健康/工作/娱乐/爱"仪表盘上，闪烁的都是绿色的灯，他打算就这样一直保持下去。由此可见，对于人生设计过程一定要经过深思熟虑，在蒂姆的人生设计中，工作并不是最重要的事情。

释放你的潜力

我们提到的一些重新定义的信息可能具有破坏性，舍弃过去固有的观念通常比学习新事物更加艰难，但也更加重要。然而，我们可以确定，在阅读本书的过程中，不论是你新学到的知识，还是已抛弃的固有观念，都将把你变成另外一个不同的人。我们期待这种变化能让你更加喜欢自己，这也是人生设计的目的：释放每个人最优秀的、一直存在的、等待被发现的那一面。人生设计是一种创新方法，它能帮助你构想你想要的生活，它同时也是生活的一部分。

在本书中，我们曾要求你做 5 件简单的事情，并由此介绍了人生设计的概念,这 5 件事情是:(1)保持好奇;(2)不断尝试;(3)重新定义问题;(4)专注(了解人生设计是一个过程);(5)深度合作(寻求帮助)。在本书中,当我们介绍构成人生设计的一个个不同的想法和技巧时,我们总会提醒大家注意这 5 种心态。

事实上,无论何时、何地,你都可以应用这 5 种心态中的一种或几种。生活中有无数机会能够激发你的好奇心,促使你去尝试。在我们的课堂上,我们设置了一个练习,叫作"设计你的前进之路"。在练习中,我们要求学生在他们的人生设计中,找出两三件他们一直在坚持却毫无进展的事情,然后请每个学生和其他两个学生一起,用 4 分钟的时间一起思考这几个问题。另外两个学生会帮助遇到问题的学生选取一种心态,以解决他面临的问题。想想看,"充满好奇"如何帮助你克服恐惧,勇敢地和曾获得过诺贝尔奖的教授进行交流呢?关于这件事,你可以这样做:向三位已经和那位教授交流过的学生咨询,问问他们都谈论了什么,进展怎么样。查找一些教授发表过的人生经验,看看他年轻时是否和你有某些共同的兴趣爱好。找出他是否在某些项目上遇到过重大失败(如果有,是什么),

这可能会让他看起来更像个普通人，进而减少你的恐惧。诸如此类的事情很多。当我们做这些事的时候，不管哪种心态都可以帮助你摆脱困境，为下一步的进行奠定基础。下面是每种心态带给我们的提示。

保持好奇。每件事都有其有趣的一面。无尽的好奇心是关键。世上不存在让每个人都感到无聊的事情，即使是做账或者洗碗也会有人觉得有趣。

- 对此感兴趣的人都想知道什么？
- 这种心态是如何发挥作用的？
- 他们为什么那么做？
- 他们过去是怎么做的？
- 这个领域的专家对此有什么看法？为什么？
- 这里发生过的最有趣的事情是什么？
- 这里发生了什么？我能从中得到什么？
- 我怎样才能弄清楚？

不断尝试。注重行动，就不会被困住——不焦虑、不分析、不过度思考，也不会把一生都浪费在寻路上。行动起来！

- 在天黑之前我可以试试怎么做吗?
- 我想要多了解些什么?
- 我怎样才能够回答那个问题?
- 哪类事情是可行的?如果我尝试了,那么我会学到什么?

重新定义问题。重新定义是指观念上的转变,几乎所有的设计问题都会让你学会切换视角。

- 事实上,我该拥有什么样的视角?
- 问题从何而来?
- 其他人都有哪些视角?列举出来,从他们的视角出发描述问题,而不是你的视角。

从不同的视角重新看待你的问题:你的问题实际非常小,很容易解决,机会大于困难。有些事情你可以完全忽略,有些事情其实你并不明白,或许这根本不是你的问题。想想看,一年后这个问题又会怎样?

了解人生设计是一个过程。意识到人生设计是一个过程,就意味着你不会泄气、不会困惑,也永远不会放弃。

- 关于过去和未来,你能够想象出来的所有步骤是什么?
- 你心中所想的和你现在实施的步骤有密切关系吗?
- 你采取的步骤是恰到好处的,还是超前或者落后了?
- 如果你无法提前多思考几步,会发生什么?
- 你认为会发生的最糟糕的事情是什么?发生的可能性有多大?如果发生了,你会做些什么?
- 你认为会发生的最好的事情是什么?

把你心中的所有问题、忧虑、想法和期望都记录下来,然后问问自己是否知道下一步该如何做。现在,你有没有什么不同的感觉?

深度合作。深度合作意味着在这个过程中,你不要独自前行,找一个支持者,你可以和他谈论你正在做的事情——就是现在。花5分钟时间向这个人讲述你的情况,再用5分钟的时间听取对方的反馈,并与对方进行讨论。你现在是什么感觉？（不管你的支持者说了什么，和别人交流总比自言自语强。）你有很多方法可以展开合作，如：

- 组建一个团队。
- 创立一个社群。

对于你现在正在做的事情，有哪些小组或者支持者参与进来？你和所有人都有联系吗？都进行过交谈吗？如果没有，就行动起来吧。

制作"求助日志"，记录下你需要帮助的所有问题，随身携带。每周，找一些能够帮助你解决日志上问题的人，向他们求助，记录下他们的答案和解决方法。

找到一位导师。

打电话给你的母亲。（她会很开心的，你知道她会的。）

如果你能够把这5种心态作为生活的向导，用来实施你的人生设计，并把它们看作创新过程的一部分，那么你就会了解这5种心态。这5种心态都非常简单，几乎不需要任何努力就可以融入你的思维，你也很容易知道它们对你是否有用。很快,你就会发现这 5 种心态已经成为你在前进道路上自然而然会利用的工具,它们将与你有机地融为一体。

内在的自我成长

除了这 5 种心态,在享受精心设计的人生时,还有两件事需要引起你的注意——指南针和个人修行练习。指南针是关于你的人生观和工作观的重要的、有条理的想法。这些想法同你的价值观一起,为"最近怎么样"这个问题提供了解答的基本原则。它们会告诉你,你是正向着目标前进,还是已经偏离了正确的轨道;它们决定了你是否在"你是谁,你信仰什么以及你在做什么"上保持了一致性。在我们的学生中,有的人已经毕业两三年,甚至更长时间,当我们交流时,他们说指南针练习是他们经常重复做的一个活动。其中很多人发现,他们对这些问题的根本观点基本没变,但具体细节、细微之处以及优先事项却发生了变化,了解这一点非常有帮助——了解自己对人生重大问题的真实看法和态度,最好的方法就是不停地问自己，看看有什么是自己必须面对的。我们强烈建议你每年至少重新看一次自己的指南针，并对它进行校准，这将有助于重新激发你的创造力。

  对于如何维持精心设计的人生，最重要的就是积极投入，并坚持进行我们在第 9 章描述的个人修行练习。在生活中，我们两人多年来坚持个人修行练习，这也是我们做过的最令人激动的事情。虽然诸如瑜伽、冥想、写诗、阅读诗歌、祈祷等活动受到越来越多的肯定，但人们对它的重视度依然不够。好消息是，对于个人修行练习，即使是一个小小的努力都可以带来巨大的改变。通过这些个人修行练习，你不仅可以学会控制自己的情绪情感、加强辨别能力，而且只要你坚持下去，那么每一天都会有收获。

  举例来说，每天早上的冥想（一边刮胡子一边冥想）让比尔获益颇多，他的健康仪表盘上的状态确认了这一点："我的生活非常美好，我今天所做的事情都是我自己选择的。"然后，他在心中默想自己当天要做的每一件事，并提醒自己，所有这些事情都是他自己决定的。现在，他每周都会投入大量时间绘画，以此激发创造力，并享受绘画带来的单纯快乐。如果某一周他没有享受到美味佳肴，他就会做一顿大餐，设计一些有创意的菜肴和大家分享。

戴夫每天都会进行 20 分钟的冥想（严格来说是归心祈祷），他让自己重新沐浴在宇宙的爱之中。他每周至少阅读一首诗歌，尝试着用身体感受诗歌，而且让他博学的妻子克劳迪娅帮他安排诗歌阅读任务。在人生设计中，他非常明智地为自己"设计"了一个睿智的妻子。如今，他放弃了充满刺激的公路自行车运动，放慢了生活的脚步，每周都会和妻子还有他们的狗在山里散步，亲近大自然。

这就是我们做的一些事情，我们希望你能够通过原型设计，找到属于你自己的一套修行活动，找出对你有益的、能够帮助你设计美好人生的练习。

人生设计就是一种生活方式

在本书开头，我们介绍了喜欢石头的埃伦、入错行的雅尼娜律师和陷入迷惘的唐纳德经理。经过人生设计之后，他们对

"最近怎么样"这个问题的回答，又有什么不同呢？

埃伦知道自己不想成为一名地理学家，她也知道在大学学到的某些知识她很感兴趣，尤其是作为一名地理学家所必须具备的组织能力和分类能力。她依然喜欢石头，尤其是用来制作珠宝首饰的精美宝石。因此，她决定从自己擅长的地方起步，进行人生设计采访。她发现，项目管理工作需要的正是组织能力以及对任务和人员进行分类的能力，这样的工作似乎很适合她。在采访中，在和其他人交流时，她接触到了一家新兴企业，这家企业有一项业务是在网上拍卖珠宝首饰。埃伦对石头的喜爱以及她天生的组织能力让她在这次谈话中赢得了成功，人生设计采访很快转变成了一场工作面试。在工作的两年间，她多次升职，现在她已经是该公司负责高级时尚品拍卖业务的客户经理了。

雅尼娜认真研究了自己的指南针，并设计了一些个人修行练习，帮助自己认清内心的渴望。她发现，记日志能够让自己恢复活力。这是因为她是一名诗人。当她坚持了一段时间的业余写作后，她和丈夫都认为她可以去"努力争取"了，于是她参加了诗歌艺术硕士研究课程。现在，她是一名演说家、作家和诗人，并且过上了全新的生活。

唐纳德过去经常会抱怨："我为什么要做这个？"后来他利用自己的好奇心对这个问题重新进行了定义，即"公司到底有什么有趣的东西，吸引我日复一日来这里"？带着这个问题，他采访了一些同事，寻找一些热爱工作的人，想弄清楚他们的情况。当他把他人的心得和"美好生活日志"中的内容放到一起时，情况便显而易见——重新恢复活力的方法是换个角度关注周围的人，他发现自己并没有选错位置，错的是他的心态。他过去一直过于沉浸在如何获得事业成功、承担家庭责任上，完全忽略了"为什么"和"为了谁"。他没有对外在事物做任何改变，他只是重塑了自我。由此可见，重新定义工作不只是单纯地"完成任务"，而是要"创造一种充满活力的、让员工爱岗敬业的文化氛围"。

埃伦、雅尼娜和唐纳德谁也没有使用所有的技巧，但他们都勇敢地迎接了挑战、摆脱了困境、建设了自己的前进之路。我们非常荣幸能够认识他们，为他们的生活尽一点绵薄之力。

我们知道，《人生设计课》一书的创作让我们每个人都拥有了一个机会——成为一个活生生的人生设计范例；或成为一个伪善者，假装受益。每天我们都在利用这些想法和技巧，不停地对新的练习、新的思维方式，以及新的美好人生设计方法进行原型设计。我们和你们分享了我们的日常练习，也希望你们登录我们的网站（www.designingyour.life），下载完整的每日一练活动列表，从中选择你喜欢的练习进行尝试。

我们两人的生活也在不断地发生变化——从工程师到咨询师、教师，再到作家，对于旅途中的每一步我们都充满感激。我们也非常好奇，想知道经过我们的精心设计，你们的生活接下来会是什么样。

在本书中，我们和你们分享了很多人的经历。我们可以自信地说，与我们合作的人对我们介绍的技巧方法，只要练习其中一部分（不需要全部），他就会取得实质上的进步，远超他自己的期望。

我们已经和成千上万名学生，以及和我们共同开展人生设计的客户之间建立了长久的、深度的合作关系，我们非常享受这种合作，我们期待着与你的合作。

我们希望你们告诉我们"最近怎么样"，更重要的是，我们希望你们能够为"最近怎么样"这个问题找到一个令自己满意的答案。

人生设计从根本上来讲是一种生活方式，一种会改变你如何看待生活，以及如何生活的方法。精心设计美好人生的最终目的就是要让你们的生活更充实、更有意义，不虚度此生。

说实在的，除此之外，我们还需期望些什么呢？

致 谢

在本书的写作过程中，很多人给予了我们真诚的帮助和鼓励，在这里我们致以崇高的谢意：

尤金·科尔孙斯基和凯尔·威廉姆斯与我们一起创立了人生设计实验室，感谢他们对我们的信任，感谢他们在实验室创立过程中付出的努力。

非常感谢斯坦福大学的各位同事，他们分别是乔恩·克莱曼、加布里埃尔·罗麦利、加布里埃尔·威尔逊、克里斯汀·迈尔、凯西·戴维斯、加布里埃尔·圣多纳托及劳伦·皮泽，与他们的"深度合作"及他们无私的帮助，让本书得以问世，与大家见面。

感谢戴维·凯利为我（比尔）设立了斯坦福大学产品设计执行主任这一职位，让我可以按照自己的想法授课，种下了本书写作的种子。

谢里·谢泼德教授是本书的忠实支持者,他也是一名勇敢的研究生法律咨询顾问、头脑灵活的导师。

感谢斯坦福大学具有远见卓识的各位领导,感谢你们愿意相信人生设计的巨大力量,感谢你们为斯坦福大学及高等教育的改变所做的努力,他们是:斯坦福大学本科教育的副教务长哈利·伊拉姆博士;研究生教育的副教务长帕蒂·古默波特博士;工程学院前教导主任布拉德·奥斯古德博士,以及学生事务处副教务长格雷格·博德曼博士。

在这里,尤其要感谢那些从一开始就与我们合作,并且多年来一直给予我们支持和鼓励的伙伴,他们的付出对我们意义重大。他们是:宗教生活院已退休的院长斯科蒂·麦克莱南,他引领着文化的变迁,从他身上我们学到了忍耐和毅力;本科教务部的协理副教务长莎莉·帕尔默,她帮助我们了解现代大学生的想法;事业发展中心的前执行董事兰斯·乔伊,他向我们提出疑问:"你们为什么不为每个专业的学生都这样做呢?"这是一个非常重要的问题,直接打破了专业的界限。前新生教导主任朱莉·利思科特-海姆斯鼓励我们与所有的学生进行交流，她真挚的鼓励让我们充满了干劲。她是第一个加入我们的拥有资格证书的指导者，她提出了发展人生设计、超越自我的方法。

林赛·小石博士和蒂姆·雷利博士做了大量的研究，以证明人生设计的作用，感谢他们付出的巨大努力。他们的研究不仅使我们的工作引起了广泛的关注，也证明了我们提供给大家的方法都是正确的。同时，感谢丹·施瓦茨教授和比尔·达蒙教授的支持和鼓励；感谢挑战成功组织的创始人丹尼丝·蒲柏，感谢她对"改变教育体系"所做的研究和论证。

感谢加州大学伯克利分校威斯敏斯特学院的主任兰迪·贝尔。1999 年，他真诚地建议我（戴夫）："你应该在这儿授课！"自此我开启了自己的第四份事业——教育工作。

莎伦·达洛兹·帕克斯博士很有先见之明，多年前她就问了我这样一个问题："你准备好迎接挑战了吗？"感谢她长久以来给予我们的情感支持和爱。

感谢鲍勃·麦金，他在斯坦福大学创立了产品设计项目，拯救了一个迷茫的物理专业学生（比尔），也让我有机会开启一项如此有趣的事业。伯尼·罗斯是我们的导师，当对学校的政策不清楚时，我们经常向他寻求帮助，感谢他。

吉姆·亚当斯在我们两个还是本科生时就鼓励我们打破概念模块的限制。2007 年，他曾对我们说："我不知道你们将如何教授这门课！"这句话激励了我们。

感谢本书中出现的、愿意和大家分享其生活经历的伙伴们，因为他们，我们才能够为读者提供人生设计的真实案例。我们以他们的故事为例，告诉你如何设计你的人生（当然，我们并没有使用他们真实的名字）。他们无私的奉献赋予了本书个性化和人性化的特点，我们对此感激不尽。

在此，我们还要特别郑重地感谢两个人，本书能够出版，他们功不可没。

拉腊·洛夫是我们的合作作家，感谢她挖掘了比尔和戴夫内心真正的想法，并对我们的书稿进行了润色修饰。拉腊是一个十分有耐心的人，我们经常会一连几个小时开会，或长时间观看视频，或者听录音资料。不管工作时间多长，她都保持着工作的热情。当我们精力不济时，她就如活力的源泉，让我们从中汲取能量和创造力。拉腊能力卓越、善于倾听，她不是在为我们写作，或者代表我们写作，她就是在写"我们"。我们和每一位读者都是她完美工作的受益者。

　　道格·艾布拉姆斯身兼多职，他既是我们的代理人、书籍合作者、概念架构师、出版行业的指引者，也是我们真诚的朋友，他在各个方面为我们提供了很大的帮助。可以肯定地说，没有道格，也就不会有本书的存在。在我们首次尝试写作失败后，道格成了这本书的设计顾问，他带领我们一起努力，让我们弄清楚了要写一本什么样的书，以及如何完美构建内容，便于读者理解。作为一名图书设计师，道格让我们明白书到底是什么。作为代理人，他迅速采取行动，多方联系出版机构，并说："跟我来，朋友们，为你们的人生之旅做好准备吧。"这是一次非常棒的人生之旅，我们对未来充满了期待。

　　最后，我们要感谢科诺夫出版社，你们是一个非凡的出版团队。对于维奇·威尔逊，我们要单独提出感谢，作为我们的编辑和首席文化变革总监，再多的语言都无法描述她为本书所做的贡献，她对本书的投入和对我们的帮助是显而易见的。她天生就是一个有影响力的人，本书的成功问世毫无疑问源于她的英明决策。她坚信并看好这本书的文化价值，她的信任和期许成为我们不可或缺的力量源泉。即使是经验丰富的设计师也需要灵感,维奇在我们见面之初就一直不停地激发我们的灵感。我们已经成为好友,这对我们来说是再荣幸不过的事情。谢谢你,谢谢你,维奇。